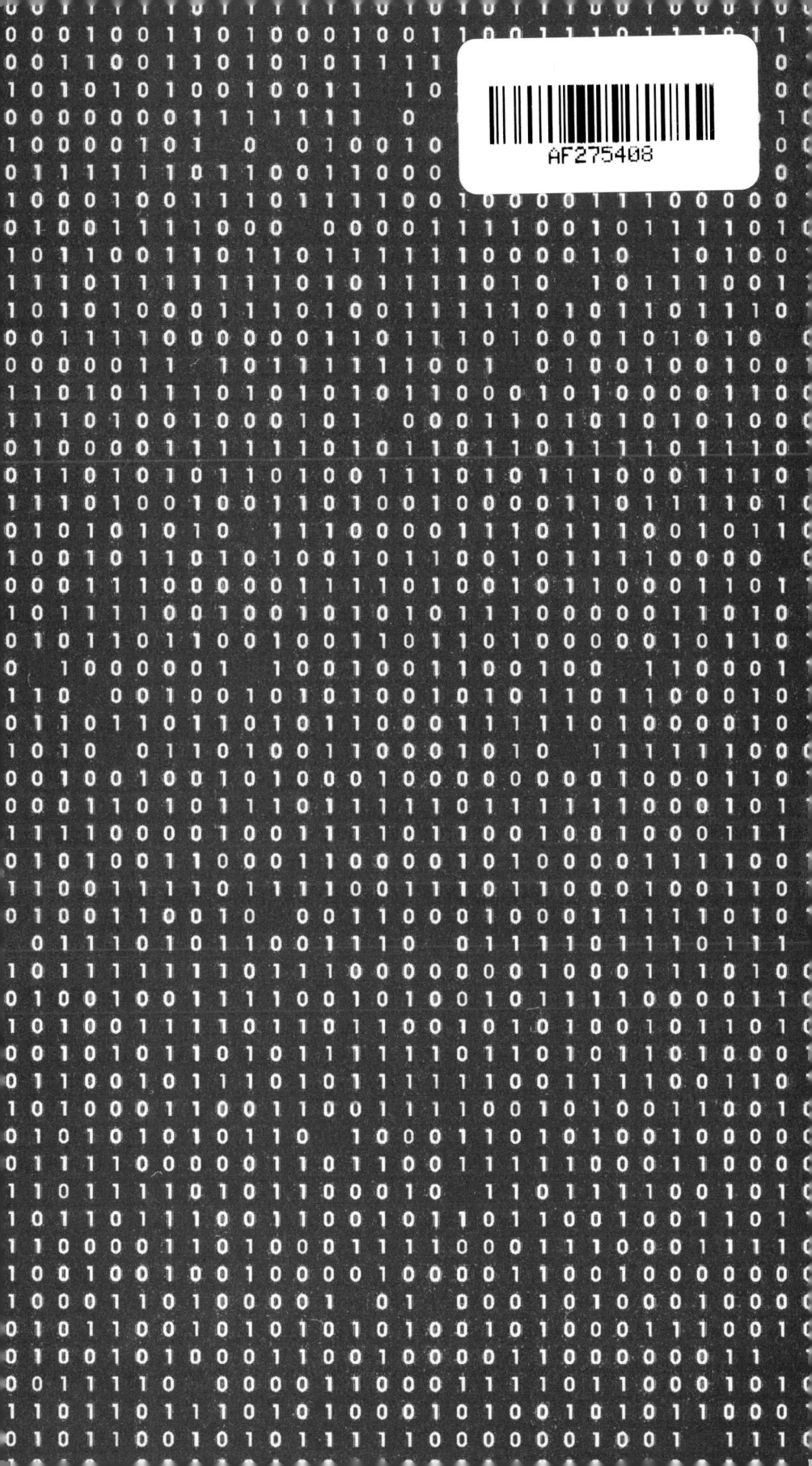

AF275408

Historia de la Inteligencia Artificial

SARA ROBISCO

Historia de la
Inteligencia Artificial

GUADALMAZÁN

Primera edición: noviembre de 2024

Guadalmazán · Colección Divulgación Científica
Edición al cuidado de Victoria García Ortiz
Director editorial Antonio Cuesta

www.editorialguadalmazan.com

Talenbook, s.l.
C/ Cervantes, 26 · 28014 · Madrid

Imprime: cpi black print
ISBN: 978-84-19414-41-0
Depósito Legal: M-23788-2024
Hecho e impreso en España-*Made and printed in Spain*

A Mario, por ser mi apoyo e inspiración todos estos años.

Índice

Primera parte

DEFINICIONES, HISTORIA, ASPECTOS ÉTICOS, SEGURIDAD Y PRIVACIDAD

I. EL ORIGEN DE LA INTELIGENCIA ARTIFICIAL

«Conceptos sin intuiciones son vacíos,
intuiciones sin conceptos son ciegas».
IMMANUEL KANT

Actualmente vivimos saturados de noticias con titulares del tipo «La IA ha logrado este hito», «Un comité de expertos pide regular la IA», etc. Pero, ¿realmente a qué se refieren con IA? ¿Es algo verdaderamente novedoso?

Desde los inicios de la historia, los seres humanos hemos soñado con tener máquinas a las que considerásemos inteligentes, una especie de igual creado por nosotros. Ya en el año 1500 a. C. aparecen los primeros registros de autómatas construidos por el hombre, como la estatua del rey de Etiopía, Memnón, erigida por Amenhotep, que era capaz de emitir sonidos al recibir los primeros rayos de sol del amanecer. Avanzando en la historia vamos encontrando más ejemplos, como la urraca voladora, realizada con madera y bambú en China en el 500 a. C., o los múltiples aparatos descritos por Herón de Alejandría en su libro *Autómata*, los cuales no eran más que juguetes empleados para deleitar e impresionar al espectador. El ser humano poco a poco fue perfeccionando estos instrumentos que, con el tiempo, pasaron de ser ingenios con el único objetivo de entretener, impresionar e incluso sacar provecho —como el caso de algunos antropomorfos que recorrieron las calles de Toledo pidiendo limosna (el famoso hombre de palo de Juanelo Turriano)—, a máquinas capaces de realizar tareas repetitivas que facilitaban la labor de diferentes artesanos; así hasta llegar a los robots actuales que podemos ver en muchas industrias. Si nos paramos a reflexionar sobre estas máquinas, en ningún momento se les ha atribuido inteligencia, por lo que no deben incluirse en ese concepto de agentes inteligentes o inteligencia artificial. Quizá convenga buscar este concepto en otro aspecto de la historia, más alejado de la robótica.

Nos puede sorprender que el concepto de máquinas inteligentes no aparezca en la evolución de los autómatas hacia los robots actuales, pero lo verdaderamente sorprendente es el ámbito del que nació esta idea: las matemáticas. Desde sus orígenes, la computación ha sido una parte más de las matemáticas. Lo que comenzó como máquinas para realizar cálculos sencillos, fue haciéndose más sofisticado hasta conseguir realizar cálculos más complejos, entre los que se encontraba la criptografía. Al mencionar la criptografía nos viene a la mente el nombre de una persona: Alan Turing. Pero Turing no solo se dedicaba a la criptografía, era matemático y destacaba en la rama de la lógica. La lógica matemática es la base de la computación. En un mundo en el que las computadoras no eran mucho más que simples calculadoras, Alan Turing teorizaba con una computadora de propósito general: lo que hoy conocemos como la máquina de Turing. Una máquina de Turing es una conjetura matemática de computadora que consiste en:

— Una *unidad de control*, que no es más que un autómata con un número de estados finito.
— Una *cinta de lectura* y escritura que tiene su inicio a la izquierda y se extiende hacia la derecha.
— Un *cabezal* que indica la posición sobre la cinta en la que se encuentra la máquina en cada paso.

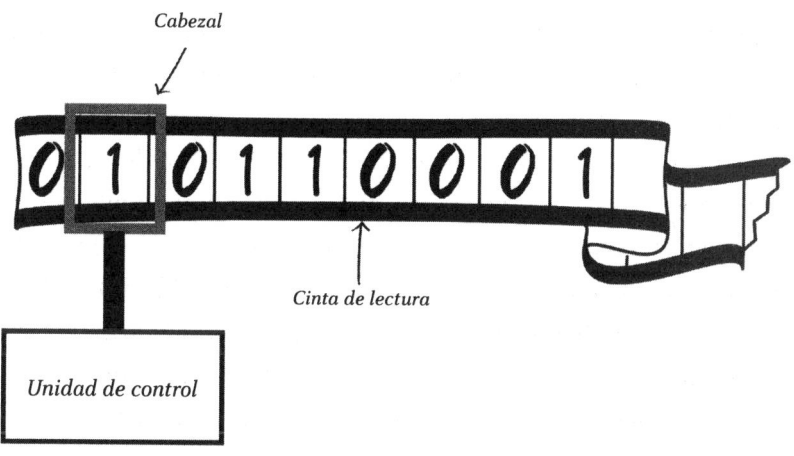

Cabezal

Cinta de lectura

Unidad de control

Esquema de una máquina de Turing.

En su estado inicial, la cinta solo contiene la cadena de entrada de la máquina y celdas en blanco. En cada paso, la máquina lee el contenido de la celda en la que se encuentra su cabezal, efectúa un cambio de estado en la unidad de control y puede escribir un dato sobre la celda o mover el cabezal a la izquierda o a la derecha. Esta máquina no funciona eternamente, sino que se detiene al alcanzar un estado de parada. Si analizamos este concepto matemático, podemos encontrar algunas similitudes con aquellos antiguos computadores de cinta que se ven en algunos museos. Alan Turing creó con la máquina de Turing las bases para la computación de propósito general. Pero no se quedó solo ahí. Al analizar el potencial de una máquina de este tipo, comenzó a plantearse la capacidad de emular el pensamiento humano con estos sistemas. En el año 1950 publicó un artículo científico titulado *Computing machinery and intelligence* (Turing, 1950). En este texto lanza la pregunta de si las máquinas pueden pensar o imitar el pensamiento humano y expone el famoso test de Turing, una prueba para saber si podríamos distinguir a un humano de una máquina hablando con ambos. Si bien en ningún momento acuña el concepto inteligencia artificial, su artículo entra de lleno en aspectos que relacionamos hoy en día con ella.

Aunque Alan Turing fue el primero en articular una visión de la IA en los años cincuenta del siglo XX, existen investigaciones anteriores. El primer trabajo en inteligencia artificial fue publicado en 1943 por Warren McCulloch y Walter Pitts. Partiendo de tres fuentes: los conocimientos sobre fisiología básica y el funcionamiento de las neuronas en el cerebro, la teoría de la computación de Alan Turing y el análisis formal de la lógica proposicional de Russell y Whitehead. Este estudio propone un modelo formado por «neuronas artificiales», en el que cada neurona puede tener dos estados: activada o desactivada. La activación de las neuronas ocurre gracias a la estimulación producida por una cantidad suficiente de neuronas vecinas. En 1943, McCulloch y Pitts mostraron que cualquier función computacional podría ser calculada mediante una red de neuronas interconectadas y que todos los conectores lógicos (*and, or, not...*) podrían implementarse empleando redes sencillas (Warren S. McCulloch, 1943). En su artículo también sugirieron que, si se definían bien estas redes, podrían ser capaces de aprender. En el año 1949, Donald Hebb propuso y demostró una regla de actuación para modificar la intensidad en las conexiones entre neuronas. Esta regla la conocemos como REGLA DE APRENDIZAJE DE HEBB y sigue vigente en la actualidad.

Este concepto de redes de neuronas caló hondo en los investigadores de la época, siendo en 1951 cuando Marvin Minsky y Dean Edmons, dos estudiantes graduados en el Departamento de Matemáticas de la Universidad de Princeton, construyeron el primer computador a partir de una red de neuronas. Lo denominaron SNARC, estaba compuesto de tres mil válvulas de vacío y un mecanismo de piloto automático que recogieron de los restos de un avión bombardero B-24. Con este computador simularon una red con cuarenta neuronas. Sobre Marvin Minsky hablaremos más tarde, ya que siguió contribuyendo al ámbito de las redes neuronales.

El nacimiento del término inteligencia artificial sucedió cinco años después de la creación de SNARC por Minsky y Edmons. En el verano de 1956 se celebró un encuentro en el Darmouth College, una universidad ubicada en Hanover, Nuevo Hampshire (en Estados Unidos), para tratar este nuevo ámbito de la computación. Como esta naciente rama aún no tenía nombre, el organizador del evento (John McCarthy) decidió usar el término «inteligencia artificial» debido a su neutralidad, pues quería alejarse de los autómatas y la cibernética para no tener que tratar con el gurú de la cibernética de la época, Norbert Wiener. A esta conferencia fueron once asistentes y duró unos dos meses, de ella salieron conceptos interesantes como los sistemas expertos (el Teórico Lógico de Newell y Simon) y las redes neuronales, pero también se convirtió la inteligencia artificial en un campo independiente. La razón de que la IA sea una rama por sí misma es que abarca la idea de duplicar facultades humanas como la creatividad, mejora automática y el uso del lenguaje; estos aspectos no se contemplan en ninguna otra área de conocimiento. Además, la IA es una rama muy clara de la informática, la cual en esa época aún estaba dando sus primeros pasos, y es el único ámbito de conocimiento que persigue la construcción de máquinas capaces de funcionar de manera automática en entornos cambiantes y complejos.

Pero la cosa no paró ahí: pese a lo limitados que eran los ordenadores de la época, la comunidad científica seguía ilusionada con la idea de crear máquinas inteligentes. Se establecieron nuevos sistemas expertos como el SRGP (Sistema de Resolución General de Problemas), desarrollado en 1957 por Herbert Simon, J. C. Shaw y Newell. Este programa era capaz de resolver cualquier problema simbólico formal, esto es, probar teoremas, resolver problemas geométricos, jugar al ajedrez y trabajar con lógica proposicional. Todo ello imitando los protocolos de resolución de problemas de los seres humanos, siendo el primer sistema que incorporó el enfoque de «pensar como un ser humano». SRGP estaba implementado en el lenguaje de programación IPL

(*Information Processing Language*). Su éxito y el de otros sistemas expertos de la época hicieron que en 1976 Newell y Simon formularan la HIPÓTESIS DEL SISTEMA DE SÍMBOLOS FÍSICOS, que indica que un sistema de símbolos físicos tiene los medios suficientes y necesarios para generar una solución inteligente. Esta hipótesis ha sido modificada con el paso de los años.

Y no solo eso, entre 1952 y 1969 se desarrollaron multitud de programas interesantes, desde sistemas expertos hasta programas capaces de aprender a jugar a las damas. Además, se creó el lenguaje de programación para inteligencia artificial Lisp, que se sigue usando actualmente. Asimismo, en el año 1958 Frank Rosenblatt creó un concepto matemático llamado perceptrón (Rosenblatt, 1958), el cual consistía en una unidad básica de cálculo que contenía un algoritmo capaz de recibir un conjunto de datos de entrada y seleccionar un subconjunto de dichos datos basándose en un criterio. Se basaba en la idea de la neurona de un cerebro biológico, entendida como unidad de cálculo básica que se combina con otras para llevar a cabo razonamientos complejos. Rosenblatt consiguió además que un ordenador de la época, un IBM 704, aprendiese a distinguir las cartas marcadas a la izquierda de las marcadas a la derecha empleando perceptrones. Esto resulta sorprendente si pensamos en aquellos ordenadores, pues el IBM 704 fue el primer computador producido en serie cuyo hardware se basaba en aritmética de coma flotante. Hablamos de una máquina cuya memoria estaba formada por núcleos de ferrita (los famosos toros de ferrita que hoy son símbolo de muchas facultades de informática). La idea de combinar estos perceptrones surgió en 1969, cuando Marvin Minsky and Seymour Papert demostraron que un solo perceptrón era incapaz de resolver problemas no lineales, pero que combinados formando una red de un mínimo de tres capas (capa de entrada, capa intermedia y capa de salida) se solventaba esta limitación, siendo esta la primera red neuronal propuesta. Sin embargo, carecía de un sistema para facilitar el ajuste de los pesos de las capas, por lo que no podía aprender de manera automática, suponiendo un parón en la investigación y uso de redes neuronales hasta los años ochenta del siglo XX. En 1986, David E. Rumelhart, Geoffrey E. Hinton y Ronald J. Williams publicaron un artículo en la revista *Nature* en el que propusieron un algoritmo de retropropagación o *backpropagation* (Rumelhart, 1986). Este algoritmo consiste en que los errores de las capas ocultas de la red vienen determinados, propagando hacia atrás los errores de las neuronas de la capa de salida. Fue este algoritmo lo que propició la aparición y uso de las redes neuronales, debido a que les permitía aprender. Pero, ¿esas primeras redes neuronales son diferentes a las que usamos actualmente? Lo cierto es que el concepto de sistemas que agrupan en capas pequeñas unidades funcionales que en su interior contienen una función de activación (una función matemática conocida como son la función lineal, la función escalón, la función limitante, la sigmoidal, la gaussiana o la tangente hiperbólica) con su algoritmo de *backpropagation* es idéntico a lo que se usa actualmente, si bien se ha aumentado el número de capas gracias a la mayor capacidad de cálculo paralelo que tenemos hoy en día. También podemos encontrar redes neuronales que combinan capas de neuronas de activación con otro tipo de capas de transformación, redes con conexiones formando bucles entre capas e incluso combinaciones de varias redes neuronales completas. Pero podemos afirmar que la esencia de todas ellas es la misma.

En 1971, David Huffman sentó las bases de la visión artificial presentando el trabajo *Impossible Objects as Nonsense Sentences*. En él propuso un método para demostrar si los diversos límites entre los elementos geométricos de una imagen son capaces de encajar en un patrón coherente. En 1972, Terry Winograd desarrolló el programa de comprensión del lenguaje natural SHRDLU. Este sistema experto, desarrollado en Lisp, permite al usuario interactuar con él mediante frases simples en inglés con el objetivo de mover una serie de bloques en un entorno simulado. En los años 70 ya se estaban estableciendo las bases de los sistemas conversacionales actuales como ChatGPT.

Pero no todo fue un camino de rosas y una gran evolución hasta nuestra época, las limitaciones tecnológicas unido a la excesiva simplificación de los problemas y el excesivo optimismo, provocaron que muchos de los sistemas que se desarrollaban fracasasen estrepitosamente y se redujeran los fondos dedicados a investigación en Inteligencia Artificial. Al igual que ocurrió con las redes neuronales, el resto del campo de la inteligencia artificial fue abandonado hasta que volvió a resurgir en los años 80.

En los años 80, con la automatización de procesos en la industria gracias a los ordenadores, volvieron a resurgir los sistemas expertos. Pero no lo hicieron tímidamente, no, entraron por la puerta grande debido al enorme ahorro económico que suponían para las empresas. Un ejemplo es el sistema R1 desarrollado por DEC en 1982; este programa se empleaba en la elaboración de pedidos de nuevos sistemas informáticos y en 1986 supuso un ahorro para la compañía de cuarenta millones de dólares al año. Esto provocó que casi todas las organizaciones importantes de Estados Unidos tuvieran su propio departamento de IA encargado de investigar y desarrollar sistemas expertos. Si miramos la situación actual, es raro encontrar un departamento exclusivo de IA en muchas empresas, si bien empiezan a verse algunos. ¿Cuál es la razón? De nuevo el optimismo y las expectativas fueron los responsables de que los proyectos de IA fracasaran, debido a promesas incumplidas, y fueran abandonados. A esta época se la conoce como «el invierno de la IA».

En 1998 ya empezó a verse que tratar la inteligencia artificial como un área de conocimiento aislada podía ser un grave error y se decidió incluirla dentro del ámbito de los métodos científicos. Esto significa que las hipótesis, para ser aceptadas, deben ser sometidas a experimentos empíricos y sus resultados deben ser analizados estadísticamente para identificar su verdadera relevancia. Gracias a la llegada de internet podemos contrastar experimentos de otros equipos, probar una nueva red neuronal creada por un equipo de investigación y compartir con ellos nuestros resultados y dudas en tiempo real. Al fin y al cabo, una persona puede tener una idea y desarrollarla, pero los grandes avances se consiguen cuando varios grupos de personas colaboran juntos persiguiendo un objetivo común. El *machine learning* es un ejemplo de esto; en los últimos años, a la investigación en modelos de inteligencia artificial se han unido ámbitos como la estadística y el análisis de datos que los han enriquecido, dando lugar a lo que hoy conocemos como MINERÍA DE DATOS. Todo este enriquecimiento y mejora han conseguido que actualmente volvamos a vivir en una época de esplendor para la inteligencia artificial. Si bien se han dejado un poco de lado los sistemas expertos y algunos modelos clásicos, parece que la minería de datos, también conocida como *machine learning*, está ganando protagonismo junto con su variante basada en modelos más complejos, el aprendizaje profundo o *deep learning*.

Después de tantos conceptos, es posible que no quede muy claro el histograma de los modelos de inteligencia artificial. Intentaremos aclararlo con una infografía en la que mostramos cuándo aparecieron cada uno de los modelos de minería de datos que iremos describiendo a lo largo de este libro:

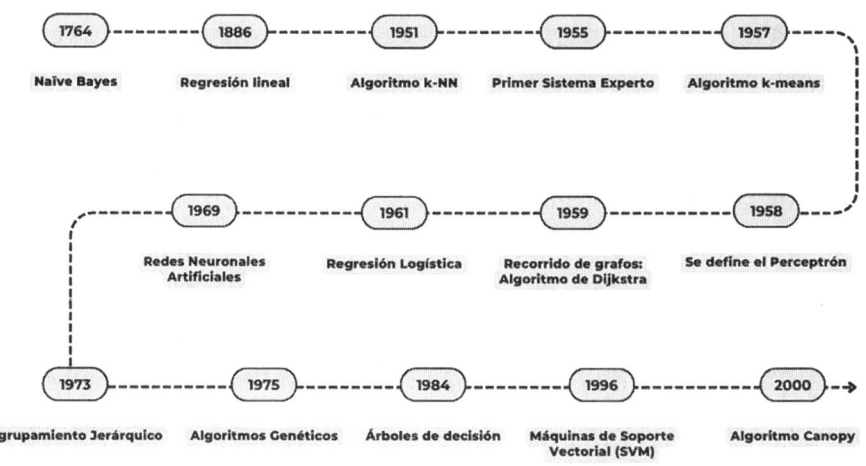

Línea del tiempo de los diferentes algoritmos empleados en inteligencia artificial.

En este capítulo no solo hemos tratado la historia de la inteligencia artificial, también hemos visto que lo que hoy conocemos como IA es una agrupación muy amplia de sistemas que va desde algoritmos de recorrido de árboles y grafos, sistemas expertos, algoritmos genéticos... hasta las redes neuronales que hoy están en boca de todos y que muchos piensan que es lo único que hay en este vasto conjunto de algoritmos. Por este motivo, cuando en un titular nos hablen de inteligencia artificial de manera genérica, ya sea en términos de regular o de dar noticias sobre sus avances, nos debería chirriar que no especifiquen a qué parte de esta gran familia de algoritmos y arquitecturas se refieren, porque son muy diferentes entre sí y cada uno de sus subconjuntos tiene una utilidad y funcionamiento diferentes. En este sentido, el concepto IA se convierte en un concepto vacío, sin ningún sentido, si no especificamos a lo que nos referimos. También hemos visto que el optimismo y las expectativas poco realistas sobre el potencial de la IA llevan a su abandono, esperemos que esto no vuelva a ocurrir en los próximos años.

Hemos hablado de la historia de la IA y cómo esta ha evolucionado, pero no hemos dado una definición exacta de la inteligencia artificial. Y no lo hemos hecho porque en la actualidad no existe una única definición de inteligencia artificial. Las razones que pueden explicar la falta de una definición unificada las encontramos en que el concepto de sistema inteligente ha cambiado mucho a lo largo de la historia y que además existen diversas ramas de pensamiento que definen la inteligencia artificial de forma diferente: unas basándose en los términos de fidelidad en la forma de actuar de los seres humanos y otras basándose en el concepto de racionalidad. Como conclusión, nos debemos quedar con la idea de que un sistema de inteligencia artificial o «agente inteligente» es aquel *software* que realiza la mejor acción posible ante una situación que ocurre dentro de un entorno cambiante.

II. LA IMPORTANCIA DE LOS DATOS

> *«La información es el aceite del siglo XXI,*
> *y la analítica es el motor de combustión».*
> PETER SONDERGAARD

Mientras en el capítulo anterior hemos hablado del concepto de inteligencia artificial, sus orígenes y acuñación, en este abordaremos lo que realmente da sentido a estos sistemas: la necesidad de transformar datos en información relevante con la que podamos tomar decisiones. Esta labor, que *a priori* puede parecer trivial, es sumamente compleja y delicada, pues un mal tratamiento de los datos puede dar lugar a que tomemos decisiones incorrectas o que nuestros sistemas fallen. Del mismo modo que no construiríamos un rascacielos sobre unos cimientos hechos con palillos, no podemos crear un modelo predictivo o un clasificador sobre un conjunto de datos pobre o incompleto. Tal es la importancia de elegir un buen conjunto de datos y saber tratarlo para que los modelos que diseñemos puedan trabajar con él y dar buenos resultados.

Para abordar este capítulo debemos comenzar explicando qué es un dato y diferenciando dato de información. Un DATO es un valor cualitativo o cuantitativo que describe un atributo de una entidad. Esto es, cuando en la consulta del médico nos pesan y nos miden, esos valores que indican nuestro peso y altura son datos porque son valores que se dan a algo que ha sido observado o medido y que describen unos atributos concretos. Pero estos datos no son información por sí mismos, se convierten en INFORMACIÓN en el momento en que adquieren un significado y nos ayudan a responder preguntas del tipo ¿Cuánto mide el paciente? ¿Cuánto pesa? ¿Han variado estos parámetros? Es importante resaltar que para que un dato se convierta en información fiable debe tener una precisión y unidades adecuadas. Un médico no puede fiarse de datos del tipo «la altura del paciente es media estatura» o «el paciente rondará los 1,80 m».

La ciencia de datos es la disciplina que, mediante la combinación de técnicas como psicología, estadística, inteligencia artificial, minería de datos y visualización, trata de obtener los datos, transformarlos en información, presentarlos de forma que sirvan para la toma de decisiones y hacer predicciones sobre ellos. Desde que se comenzaron a usar bases de datos y a recoger datos en empresas e instituciones, estos se han ido almacenando durante décadas, por lo que ahora contamos con una enorme cantidad de datos de los que se puede obtener información muy valiosa. Esto es lo que ha provocado que la ciencia de datos sea en la actualidad una rama de la informática enormemente codiciada; hay quien incluso la describe como sexy. Esta disciplina trata los datos como un ente vivo, con un ciclo de vida compuesto de varias fases que van aportando valor a dichos datos hasta que, finalmente, obtenemos como resultado información útil para cumplir nuestro objetivo. Las fases del ciclo de vida del dato son las siguientes:

— OBTENCIÓN: en esta fase se realiza la recopilación de los datos. Podemos bien generarlos nosotros (mediante sensores, datos metidos a mano por usuarios, etc.) o bien extraerlos de repositorios, de aplicaciones de terceros, de APIs (interfaces creadas en aplicaciones para compartir datos o funcionalidades), *scraping* (sistemas de navegación automática para la obtención de datos o automatización de tareas), etc.

— ALMACENAMIENTO: una vez hemos obtenido los datos, los debemos almacenar en un formato que nos permita trabajar con ellos. El tipo de almacenamiento elegido dependerá tanto de la naturaleza del dato como del uso que le vayamos a dar.

— PREPROCESADO: los datos no pueden ser analizados en crudo porque pueden tener campos erróneos, campos vacíos, estar sesgados, venir de diferentes fuentes con formatos distintos, etc. Por ello, debemos revisar bien el conjunto de datos, tratando aquellos datos que presentan problemas, convirtiendo campos en valores más sencillos de manejar o comprender, creando valores calculados que nos puedan facilitar el análisis... Esta fase es de vital importancia para asegurar un correcto análisis del dato, pues es de sobra conocido que un mal dato nos puede dar un mal análisis (lo que en términos coloquiales se suele llamar *garbage in, garbage out*).

— ANÁLISIS: una vez tenemos el conjunto de datos tratado para poder ser usado, ya podemos comenzar a crear modelos que expliquen estos datos y sus características, así como modelos que respondan a las preguntas a las que buscamos dar respuesta. Aquí es cuando entran en juego herramientas muy potentes como la estadística y el *machine learning*.

— VISUALIZACIÓN: para facilitar la comprensión de los datos es necesario mostrarlos de una forma visual, el uso de gráficas intuitivas nos permite entender de una forma fácil y rápida los datos. Si además hacemos estas gráficas interactivas para que los usuarios puedan centrarse en las partes que les interesan, se podrán interpretar y usar esos datos según las necesidades.

— PUBLICACIÓN: esta es la etapa final, en ella publicamos nuestras visualizaciones y datos transformados, facilitando que puedan usarse como fuente de datos por más personas, cerrando el círculo.

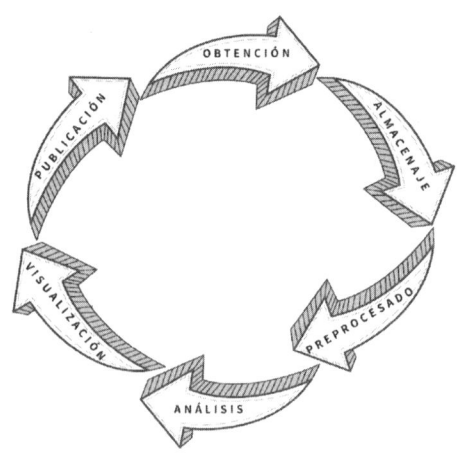

El ciclo de vida del dato.

En definitiva, el dato es el origen de todo, no podemos hacer un buen análisis si no tenemos un conjunto de datos adecuado. En multitud de ocasiones hemos visto noticias que hablan de modelos de *machine learning* incapaces de identificar a personas de color y se ha dicho que dichos modelos tienen sesgos, llegando a la conclusión de que hay que regular estos modelos; incluso han aparecido en medios personas que se dedican a auditar su bondad. Pues no, ni los modelos pueden tener sesgos, ni este tipo de algoritmos deben ser auditados para determinar su bondad. Donde debemos buscar estos sesgos es en el conjunto de datos que se ha elegido para entrenar los algoritmos, el cual debe someterse a auditorías antes de pasar a la fase de análisis. Por ejemplo, si entrenamos un modelo reconocedor de caras solo con imágenes de personas jóvenes, sin tener en cuenta los cambios que sufre el ser humano a lo largo de su vida, dicho modelo estará sesgado porque no podrá reconocer las caras de personas ancianas o de niños. Si a ese mismo modelo le entrenamos con un conjunto de datos compuesto de imágenes representativas de todas las etapas de la vida del ser humano, podremos comprobar que es capaz de reconocer a una persona de cualquier edad, sin discriminar a nadie. El dato no solo es el origen de la información, también es el causante de las

28

decisiones que tomen los modelos generados a partir de ella. El poder no está en el algoritmo, sino en los datos.

Tal es la importancia de los datos que cada vez escuchamos más el término «organizaciones orientadas al dato» o *data-driven*. En esencia, este tipo de organizaciones se gestionan basándose en los hechos y datos, pero si profundizamos, además, deben cumplir tres requisitos:

— Son organizaciones que identifican, combinan y gestionan múltiples fuentes de datos.
— Son capaces de construir modelos avanzados de análisis para predecir resultados y tomar decisiones.
— Son capaces de transformarse para que estos datos y sus modelos les conduzcan a tomar mejores decisiones.

Puede que os parezca que este tipo de empresas son algo mitológico, que realmente no existen o que son muy escasas. No es así, vivimos rodeados de ellas en muchos sectores, si bien presentan diferentes grados de madurez en este ámbito. Debemos ser conscientes de que no se llega a ser una organización orientada al dato de la noche a la mañana, sino de manera progresiva, avanzando poco a poco y alcanzando niveles hasta llegar al punto máximo de madurez: cuando esta cultura del análisis del dato está totalmente asimilada dentro de la empresa y se tiene una estrategia bien coordinada por todos los departamentos y divisiones. Hay que conocer también que una misma organización puede estar en diferentes fases o niveles en distintos factores de éxito. Imaginemos que trabajamos en una organización y queremos valorar las fases en las que se encuentra para poder llevar a cabo proyectos de mejora para convertirla en una organización data-driven. Para facilitar esta labor hay varios modelos, uno de los más extendidos es el modelo DELTA, propuesto por Thomas H. Davenport y Jeanne Harris en su libro *Competing on Analytics: The New Science of Winning* (Davenport, 2007). La siguiente tabla resume el modelo:

	FASE 1	FASE 2	FASE 3	FASE 4	FASE 5
DATOS	Inconsistentes, de baja calidad y poco organizados	Datos usables en almacenamientos funcionales o de procesos	La organización comienza a crear repositorios de datos centralizados	Datos precisos y bien integrados guardados en un almacén de datos central	Búsqueda incesante de nuevos almacenes y métricas
ORGANIZACIÓN	No aplica	Islas de datos, tecnología, y conocimientos	Fases tempranas de una aproximación para toda la empresa	Datos, tecnología y analistas clave están centralizados o conectados	Todos los recursos clave son gestionados de una forma centralizada
LIDERAZGO	Sin conciencia o interés	Solo a nivel funcional o de procesos	La directiva comienza a reconocer la importancia del análisis	Apoyo de la directiva a la competencia analítica	Fuerte liderazgo en la competencia analítica
OBJETIVOS	No aplica	Múltiples objetivos inconexos que pueden no ser de importancia estratégica	Esfuerzos analíticos fusionándose detrás de un pequeño conjunto de objetivos	Actividad analítica centrada solo en unas pocas áreas clave	La estrategia y ventajas competitivas se basan en la analítica
TECNOLOGÍA	Uso predominante de Excel como herramienta de análisis	Despliegue de soluciones independientes en el ámbito de proceso o funciones	Inicio del despliegue de iniciativas a nivel corporativo	Uso coordinado de tecnologías comunes en ciertas áreas clave	Búsqueda continua de nuevas tecnologías que desplegar en la organización
PERSONAS	Pocas competencias, limitadas a funciones específicas	Grupos aislados de analistas sin comunicación entre ellos	Afluencia de analistas en las áreas clave	Analistas altamente capacitados organizados centralmente o conectados entre sí	Empleo de profesionales de alto calibre en mejora continua y bien organizados

Ahora que ya sabemos cómo identificar estos niveles (alguno incluso habrá usado la tabla para identificar en qué fase está la organización para la que trabaja), toca conocer algunos ejemplos de aquellos que han logrado llegar a la fase 5 en la mayor parte de sus ámbitos. Buena parte de estos casos los encontramos en las organizaciones deportivas, pues hablamos de un mundo en el que se mueve mucho dinero tanto en cuanto a clubes (compra y venta de deportistas, de clubes, venta de *merchandising*, entradas...) como en el ámbito de las apuestas deportivas (por desgracia), o a nivel nacional en la selección de aquellos deportistas que representarán a un país en las competiciones internacionales.

El deporte genera muchos datos y gracias a ellos podemos analizar al deportista para saber si realmente es bueno o si ha tenido una racha de suerte, conocer su estado durante la competición mediante sensores biométricos, prevenir futuras lesiones e incluso mejorar su rendimiento basándonos en sus datos. Además, los datos nos permiten analizar el equipo para conocer sus puntos fuertes/débiles y las combinaciones de jugadores que más probabilidades tienen de conseguir una victoria dependiendo del rival, pues podemos sumar los datos de un oponente e implementar algoritmos de teoría de juegos para hacer simulaciones y preparar estrategias. Este tipo de técnicas también favorecen a los patrocinadores, ya que el análisis de las imágenes de los deportistas que aparecen en los medios nos permite conocer si la marca patrocinadora tiene buena visibilidad y medir la rentabilidad de patrocinar a un determinado deportista o equipo.

Pero no solo encontramos organizaciones orientadas al dato, los medios de comunicación son otro ejemplo de este tipo de empresas. Cada vez estamos más acostumbrados a tener infografías, visualizaciones de datos con gráficas interactivas e intuitivas con información sobre eventos, incluso predicciones obtenidas con modelos predictivos aplicados a los datos. En este ejemplo, las fases de obtención del dato y preprocesado son de gran importancia, debido a que los medios no generan el dato, sino que lo obtienen de diferentes fuentes, por lo que una mala fuente nos puede proporcionar datos falsos o sesgados. Al mismo tiempo, las fases de análisis y visualización tienen un gran valor porque el público tiende a consumir visualizaciones de datos atractivas, intuitivas y que nos den gran información de una forma sencilla y rápida. Pensemos en nuestro comportamiento ante los resultados electorales, solemos buscar aquellos medios que nos muestran dichos resultados en gráficas vistosas, que podemos tocar para filtrar y conocer qué se ha votado en nuestra ciudad, región, etc., y dejamos de lado aquellos medios que no son capaces de darnos estas herramientas. El control del dato es estratégico a la hora de atraer a la gente y generar dinero.

III. TRABAJANDO CON GRANDES VOLÚMENES DE DATOS

«Sin análisis de grandes volúmenes de datos, las empresas son ciegas y sordas, vagando hacia fuera sobre la web como ciervos en una autopista».
GEOFFREY MOORE

Hemos hablado en el capítulo anterior del valor de los datos, centrándonos en su valor cualitativo, pero para realizar buenas predicciones, sacar conclusiones acertadas y entrenar modelos de aprendizaje supervisado es a su vez importante tener una gran cantidad de datos. Para poder hacer las cosas bien necesitamos un tamaño muestral adecuado, lo suficientemente grande como para tener miembros de todas las variedades de individuos que representan la población que vamos a estudiar. Además, la llegada del internet de las cosas (IoT) nos ha permitido colocar infinidad de sensores que nos proporcionan datos en tiempo real, generando no solo un gran tráfico de datos, sino además las problemáticas de cómo almacenar toda esa cantidad de información y cómo manejarla de una forma rápida, sin tener que esperar una eternidad cada vez que lanzamos una consulta a nuestra base de datos. A toda esta locura se une que no trabajamos únicamente con datos numéricos o de texto, también analizamos imágenes, sonidos, documentos, etc. Además, en nuestro conjunto de datos se pueden mezclar tipos de datos muy variados, lo que hace que se hayan desarrollado una serie de estrategias para poder trabajar con grandes cantidades de datos, de diferentes orígenes y tipologías.

Últimamente no paramos de oír hablar del *big data*, término que apareció en nuestras vidas a principios del siglo XXI. Sin embargo, no lo hizo en el ámbito de la informática, como podemos pensar *a priori*, lo hizo en el área de ciencias como la astronomía y la genética. La razón es que ambos campos experimentaron una enorme explosión en la disponibilidad de los datos, teníamos cada vez más telescopios y sondas llenas de sensores enviando datos a la Tierra en tiempo real y se estaba empezando a secuenciar el genoma humano. La generación de datos en ambas áreas comenzó a tener un crecimiento casi exponencial.

Pero actualmente no tenemos que irnos a los centros de investigación para encontrar otra gran explosión de generación de datos, la tenemos en nuestros hogares y en nosotros mismos: subimos una enorme cantidad de datos a redes sociales, hemos llenado nuestra casa de sensores gracias al IoT, nuestra aspiradora está conectada a internet al igual que otros electrodomésticos variopintos como la lavadora o el robot de cocina, llevamos un móvil conectado que comparte información sobre nuestra ubicación, tenemos un reloj inteligente que transmite datos de nuestros pasos y estado físico y cada vez más personas portan sensores médicos que envían datos a la nube para compartirlos con el centro de salud. No solo estamos transmitiendo un gran volumen de datos en tiempo real, sino que, además, muchos de ellos se comparten de forma libre para que puedan ser usados por otros usuarios o instituciones de todo el mundo. Cuando estamos conduciendo y nuestra aplicación de mapas nos indica que hay un atasco en un punto de la carretera, esa información la muestra gracias a los datos de ubicación y velocidad que comparten nuestros móviles en tiempo real. En la siguiente gráfica podemos ver el volumen de datos creados, capturados, copiados y consumidos en el mundo en los últimos años, con una estimación para 2024 y 2025:

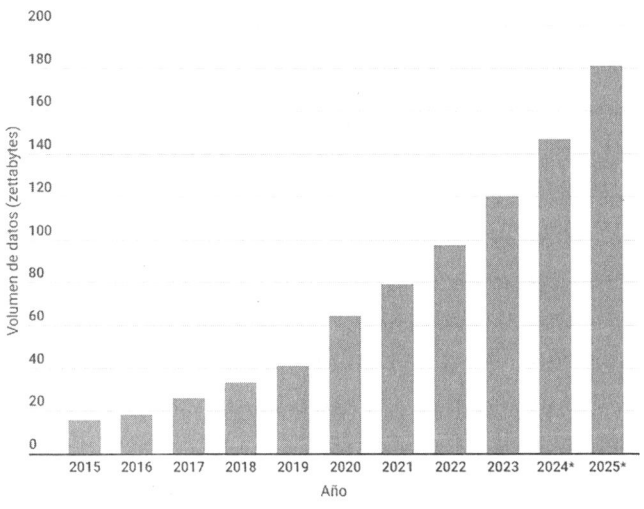

Gráfica con el crecimiento del volumen de datos.

Muchos recordamos aquel anuncio de neumáticos cuyo eslogan era «La potencia sin control no sirve de nada». De forma análoga, tener grandes cantidades de datos no aporta valor, el verdadero valor se obtiene del análisis e interpretación de esos datos. Pero ¿cómo almacenamos y tratamos toda esta inmensidad de datos? Imaginemos las bases de datos de empresas multinacionales como Google o Amazon, con millones de transacciones por minuto. Un sistema de gestión de bases de datos centralizado no podría gestionar semejante volumen a una velocidad adecuada por muy potente que sea el servidor. Se necesitan otro tipo de soluciones, como distribuir las bases de datos en diferentes servidores repartidos por todo el mundo. Una base de datos distribuida nos permite acceder a su contenido de forma paralela, lo que la hace mucho más rápida. Pero distribuir los datos no es suficiente, se une el problema de la heterogeneidad de los mismos. Imaginemos que buscamos la palabra gato en nuestro buscador favorito, cuando lo hacemos obtenemos rápidamente como resultado webs, imágenes, textos, vídeos, etc. Esta variedad de tipos de datos es impensable almacenarla en los sistemas tradicionales de bases de datos, mucho menos manejarla de una forma casi inmediata. Para solucionar estos problemas surgió lo que conocemos como *big data*. Su definición se la dio en 2001 el analista Doug Laney como «El conjunto de técnicas y tecnologías para el tratamiento de los datos en entornos de gran volumen, variedad de orígenes y en los que la velocidad de respuesta es crítica». Observamos tres conceptos clave en esta definición: volumen, variedad y velocidad. A ellos se les ha unido el concepto de veracidad, debido a que la captura de datos masivos en tiempo real, unida al almacenamiento distribuido, tienen la problemática de la pérdida o corrupción de los datos. En el siguiente esquema los describimos:

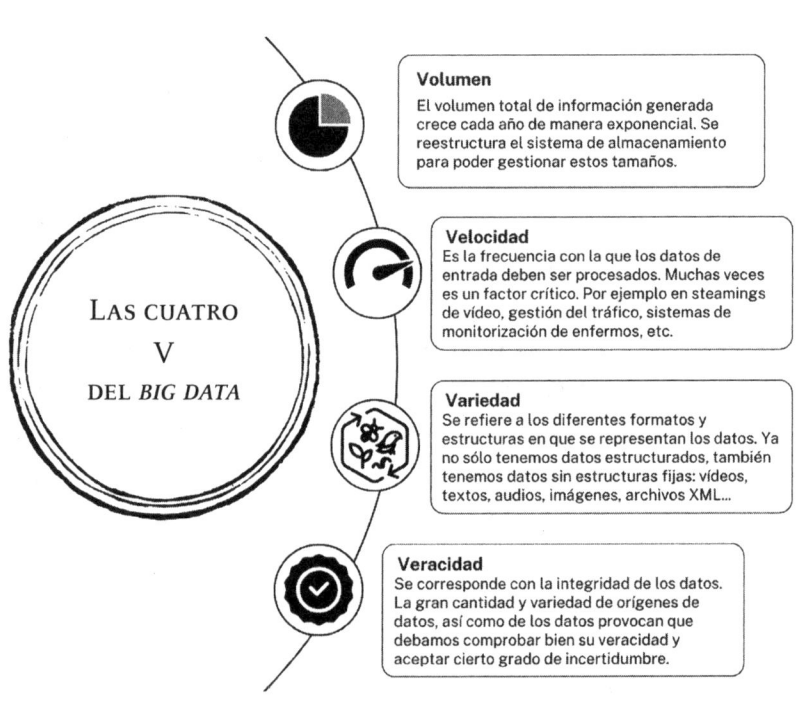

LAS CUATRO
V
DEL *BIG DATA*

Volumen
El volumen total de información generada crece cada año de manera exponencial. Se reestructura el sistema de almacenamiento para poder gestionar estos tamaños.

Velocidad
Es la frecuencia con la que los datos de entrada deben ser procesados. Muchas veces es un factor crítico. Por ejemplo en steamings de vídeo, gestión del tráfico, sistemas de monitorización de enfermos, etc.

Variedad
Se refiere a los diferentes formatos y estructuras en que se representan los datos. Ya no sólo tenemos datos estructurados, también tenemos datos sin estructuras fijas: vídeos, textos, audios, imágenes, archivos XML...

Veracidad
Se corresponde con la integridad de los datos. La gran cantidad y variedad de orígenes de datos, así como de los datos provocan que debamos comprobar bien su veracidad y aceptar cierto grado de incertidumbre.

Como hemos indicado, estas características que definen el *big data* requieren nuevas técnicas de ingeniería como es la ESCALABILIDAD. Debido al rápido crecimiento del tamaño de los datos, debemos ser capaces de aumentar el tamaño de las bases de datos sin tener que parar los sistemas que trabajan con dichos datos, ya que nuestra dependencia de ellos es cada vez mayor. Por esta razón se han creado nuevas soluciones de bases de datos como son el paradigma clave-valor y las bases de datos orientadas a documentos. Además, la enorme importancia de las relaciones entre los datos ha provocado el nacimiento de bases de datos orientadas a grafos, en las que los datos y sus relaciones se representan como nodos y aristas en grafos. Pero no adelantemos nociones y volvamos a la escalabilidad, pues este concepto tiene su complejidad. De hecho, al hablar de escalabilidad, tenemos dos tipos:

— ESCALABILIDAD VERTICAL: este escalado es el más sencillo porque se consigue aumentando los recursos del servidor: almacenamiento, memoria y CPU. En el caso de servidores virtuales se puede hacer de una forma sencilla, aunque llega un momento en el que se hace necesario cambiar el servidor por no poder ampliar más sus recursos. No requiere que cambiemos nuestra arquitectura de almacenamiento de los datos. Como desventaja tiene que este aumento de recursos obliga a parar el servicio que estemos dando con el servidor, lo cual resulta inviable en sistemas que funcionan de forma continua: sistema de almacenamiento de datos de tráfico, sistemas que recogen los datos de sensores médicos implantados en pacientes, etc. También presenta el inconveniente de que el almacenamiento no es algo infinito, un único servidor tiene una capacidad límite que puede gestionar de una forma rápida. Otra desventaja es que tener un único servidor es una mala idea si hay millones de conexiones a nuestra base de datos, pues su tarjeta de red y la base de datos tienen un límite de conexiones concurrentes que pueden manejar.

— ESCALABILIDAD HORIZONTAL: este escalado se basa en el aumento de la cantidad de servidores que contienen nuestros datos. Tener más servidores permite atender un mayor número de peticiones de forma conjunta (clúster), pero necesitamos herramientas para balancear la carga de trabajo entre servidores y sincronizar los datos entre ellos. El almacenamiento de datos toma una forma de red o grafo, en el que los servidores serían los nodos y sus conexiones las aristas. El escalado horizontal consiste en añadir un nuevo nodo a nuestro grafo. Pero esto no es tan sencillo como puede parecer, pues requiere que hagamos modificaciones a nuestra arquitectura de almacenamiento para que todo funcione de manera adecuada. Como ventaja tenemos la posibilidad de añadir tantos nodos como queramos. Además, al distribuir la carga entre servidores no es necesario parar nuestra base de datos cuando hacemos un escalado, por lo que podemos seguir dando servicio de manera ininterrumpida. Este tipo de escalado es el que hace posible que tiendas *online* que operan en todo el mundo puedan dar servicio a millones de usuarios a la vez las 24h del día, pues la información de productos y clientes está distribuida entre muchos nodos y además está replicada, por lo que, si un nodo se cae por una avería, otro se encarga de su trabajo. Como desventaja tenemos que este tipo de arquitectura es complicada de realizar y configurar. Asimismo, las aplicaciones y las bases de datos deben estar adaptadas a esta forma de trabajar.

Debido a la enorme cantidad de datos que manejan las organizaciones hoy en día, es fácil entender que se esté optando por sistemas de bases de datos distribuidos con un escalado horizontal de los recursos. Pero cuando navegamos en las páginas web de organizaciones con grandes volúmenes de datos como tiendas *online*, redes sociales, medios de comunicación, etc. no nos damos cuenta de esto, porque todo funciona de manera homogénea ¿Cómo lo hacen?

En los años 60 y 70 hubo una primera revolución en el almacenamiento de los datos: la llegada de las bases de datos relacionales. Este tipo de bases de datos se basaban en el álgebra relacional (operaciones algebraicas sobre conjuntos) para el almacenamiento y consulta de los datos. Además, garantizaban las propiedades ACID en las transacciones:

A. ATOMICIDAD: el conjunto de operaciones que forman parte de una transacción (para leer, escribir, actualizar o eliminar datos) se trata como una sola unidad. O se ejecuta toda la transacción, o no se ejecuta ninguna operación. Esta propiedad evita que se produzcan pérdidas y corrupción de datos si hay un fallo a mitad de la ejecución de una transacción.

C. CONSISTENCIA: las transacciones solo efectúan cambios en las tablas de forma predefinida y previsible. Esto garantiza que la corrupción o errores en los datos no tengan consecuencias imprevistas en la integridad de la tabla de datos.

I. AISLAMIENTO: cuando varios usuarios leen y escriben en la misma tabla a la vez, el aislamiento de sus transacciones garantiza que estas operaciones simultáneas no interfieran o se afecten entre sí. Cada solicitud parece ocurrir como si se hicieran una por una de manera secuencial, aunque realmente se realicen de forma paralela.

D. DURABILIDAD: los cambios realizados en los datos por aquellas transacciones ejecutadas de manera exitosa quedarán guardados, incluso en caso de un fallo de sistema.

Estas bases de datos nos proporcionan una alta fiabilidad y han sido usadas durante décadas, pero presentan problemas en el mundo actual, como el no ser capaces de gestionar datos no estructurados o tener dificultades con grandes volúmenes de datos y de interacciones concurrentes. Debido a esto surgió el teorema CAP (CDT si tomamos las siglas en castellano), desarrollado por el profesor Eric Brewer. Este teorema dice que las propiedades de un sistema distribuido son la consistencia, la disponibilidad y la tolerancia a particiones, pero en un sistema distribuido solo pueden darse dos de estas propiedades al

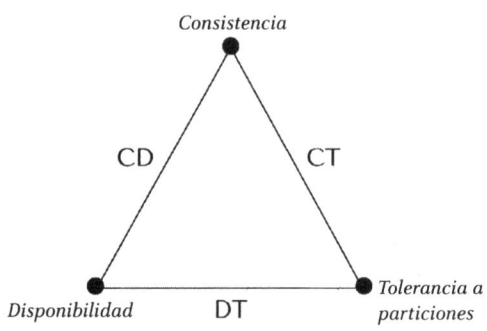

Triángulo del teorema CAP.

mismo tiempo, nunca las tres a la vez. En la siguiente figura lo vemos de una forma más intuitiva:

En el triángulo tenemos las tres propiedades, pero a la hora de diseñar nuestro sistema solo podemos tomar una de las tres líneas que unen dichas propiedades: consistencia-disponibilidad, consistencia-tolerancia a particiones o disponibilidad-tolerancia a particiones. Esto fue la inspiración de una nueva generación de bases de datos: lo que hoy conocemos como NoSQL.

Con NoSQL nos referimos a varios tipos de sistemas de gestión de bases de datos que no ofrecen SQL como lenguaje estándar para manejar los datos y sus estructuras, cada uno de ellos tiene su lenguaje de consulta específico. Su esquema de datos puede ser flexible e incluso no tenerlo predefinido, esto implica que podemos empezar a añadir datos sin definir previamente cómo estarán organizados. Aunque esto nos proporciona mucha flexibilidad para tratar datos heterogéneos, dificulta enormemente la programación, por lo que la interpretación de los datos se suele hacer en el código de los programas que acceden a los datos. A diferencia de las bases de datos relacionales, estas bases de datos no garantizan las propiedades ACID por completo; el motivo es mejorar el rendimiento y aumentar la disponibilidad. Otra característica es que están diseñadas para la escalabilidad horizontal, ya que suelen estar distribuidas entre diferentes servidores. Según cómo se almacena la información en estas bases de datos, tenemos cuatro tipos de bases de datos NoSQL:

— CLAVE/VALOR: cada elemento se identifica con una clave única, esto propicia una gran velocidad a la hora de recuperar información. El valor suele almacenarse como un objeto binario.

— BASADA EN DOCUMENTOS: almacenan la información como un documento, que generalmente tiene una estructura simple. Es muy parecido al tipo Clave/Valor, pero teniendo como valor un fichero en formato JSON o XML. Los elementos de un mismo tipo de la base de datos pueden no tener la misma estructura, unos pueden tener unos campos que otros no tengan. Además, puede haber documentos dentro de documentos. Esto puede parecer algo muy complicado de entender, pero si lo comparamos con algo tan cotidiano como un *tweet* (el tipo de mensaje de la red social Twitter) se vuelve sencillo: tenemos *tweets* que pueden tener fotos y otros que no, además un *tweet* puede enlazar otro *tweet* en su interior. Lo bueno de esta ausencia de estructura es que permite gestionar datos muy complejos.

— ORIENTADAS A COLUMNAS: a diferencia de las bases de datos tradicionales, en las que los valores se guardan en filas, en estas bases de datos los valores se almacenan en columnas. Si bien son muy rápidas a la hora de hacer lecturas, ya que es muy ágil hacer una consulta de un número reducido de columnas, son muy lentas a la hora de hacer escrituras.

— ORIENTADAS A GRAFOS: en estas bases de datos las unidades básicas de procesamiento en esta base de datos son los nodos, las relaciones entre nodos, las propiedades de los nodos y las etiquetas que definen los tipos de los nodos y de las relaciones. Es una base de datos sin un esquema predefinido, pero las etiquetas nos ayudan a definir tipos de elementos y a establecer restricciones de integridad. Al trabajar con grafos, no se accede a los datos mediante las claves, los tipos, identificadores o atributos, sino que se va recorriendo el grafo a partir de un punto de inicio para obtener los resultados buscados. Este tipo de bases de datos son muy útiles para representar información de redes sociales, donde las personas se relacionan unas con otras mediante interacciones.

Una de las primeras bases de datos NoSQL fue BigTable (Fay Chang, 2006), creada por Google, que la puso en producción en abril de 2005. Este sistema de gestión de bases de datos se diseñó para manejar una gran cantidad (petabytes) de datos estructurados y semiestructurados, que además estaban distribuidos en miles de servidores. Muchos sistemas de Google que usamos actualmente almacenan datos en BigTable, incluyendo Google Analytics, Google Earth y Google Finanzas. En este sistema, los datos no se almacenan en un modelo completamente relacional, sino que se indexan usando nombres de filas y columnas. Si volvemos al teorema CAP que explicamos antes, Big Table sería del tipo de bases de datos que están en la arista que une Consistencia y Tolerancia a particiones.

Pero Google no fue la única que necesitaba una base de datos capaz de trabajar con grandes cantidades de datos, Facebook también precisaba una nueva tecnología para almacenar los contenidos que subía la gente a sus muros, y creó Cassandra en 2008. Esta base de datos orientada a columnas también está distribuida, en este caso en una arquitectura formada por nodos iguales que comparten sus datos mediante el protocolo *peer to peer* o P2P (que os sonará de las aplicaciones para descargar datos como eMule). El uso de P2P hace que haya una gran redundancia de datos, pues estos están replicados en los nodos, lo cual evita la pérdida de datos. Actualmente, Cassandra está soportada por la fundación Apache y su uso está muy extendido. Unejemplo de uso sería la red social Twitter (actualmente X). Según el teorema CAP, Cassandra estaría en la arista que une Consistencia con Tolerancia a particiones.

Otra base de datos NoSQL muy empleada actualmente es MongoDB, orientada a documentos y lanzada en 2009 por la compañía de desarrollo de *software* 10gen bajo licencia de código abierto AGPL. MongoDB se encuentra en la arista del modelo CAP que une Consistencia de datos y Tolerancia a particiones.

Pero no debemos olvidarnos de las bases de datos orientadas a grafos. Un ejemplo es Neo4J, desarrollada por Neo Technology, que lanzó su versión 1.0. en 2010. Como en el caso de otras bases de datos NoSQL, para acceder a los datos de Neo4J podemos emplear diferentes lenguajes de consulta, no existe un estándar. Una característica positiva que nos puede recordar a las bases de datos relacionales es que emplea transacciones ACID. Siguiendo el modelo CAP, esta base de datos está diseñada para asegurar la Consistencia de los datos y su Disponibilidad, por lo que soporta mejor el escalado vertical que el horizontal.

Hay muchos ejemplos de bases de datos NoSQL, cada uno con sus ventajas y desventajas, hemos mencionado solo unos pocos porque el objetivo de este libro no es ser un tratado completo sobre bases de datos, sino amenizar al lector dándole a conocer pinceladas de esta tecnología.

Pero la aparición de las bases de datos NoSQL no supuso la única revolución en el procesamiento de datos masivos, las metodologías de procesamiento de datos distribuidos fueron otra gran mejora. De la mano de Google surgió la metodología de procesamiento de datos MapReduce, desarrollada en 2004. MapReduce es un modelo de programación y una implementación asociada para procesar y generar grandes conjuntos de datos. El usuario especifica una función *map* encargada de procesar un par clave/valor para generar un conjunto de pares intermedios clave/valor. También implementa una función *reduce* que se encarga de fusionar aquellos valores del conjunto de pares intermedios clave/valor que están asociados a una misma clave. Los programas escritos que siguen este modelo se paralelizan de manera automática y se ejecutan en un gran clúster de máquinas, lo que hace que sean muy rápidos procesando datos y muy sencillos de implementar. MapReduce es el motor encargado de los procesamientos de Google, por lo que su base de datos (BigTable) está preparada para trabajar con MapReduce. Pero, como ocurre frecuentemente en tecnología, fue otra empresa la que difundió el uso de MapReduce, en este caso Yahoo!. Puede que los más jóvenes no hayan oído hablar de Yahoo!, pero aquellos que aún recordamos el sonido del *router* de 56k que usábamos para conectarnos a internet a principios de este siglo seguro que conocemos este portal web que tenía un buscador, servicios de correo, noticias, información financiera, etc. Y es que Yahoo! tuvo un gran éxito desde su constitución como empresa en 1995 hasta 2017, cuando fue comprada por Verizon. Yahoo! desarrolló Hadoop MapReduce, creando un ecosistema de herramientas *open source* para el procesamiento de grandes conjuntos de datos que hoy en día está mantenido y distribuido por la fundación Apache. El hecho de que Hadoop MapReduce sea *open source* ha hecho que su uso esté muy extendido entre varias bases de datos NoSQL, como MongoDB, Riak, CouchDB, etc.

Sin embargo, nada es totalmente perfecto en este mundo, siempre existe alguna desventaja y Hadoop MapReduce no se escapa de esta afirmación: este paradigma solo es capaz de distribuir las tareas de procesamiento a los servidores copiando los datos que se van a procesar en sus discos duros, esto funciona bien para trabajar en paralelo, pero si necesitamos realizar cálculos paso a paso recorriendo datos se vuelve muy ineficiente. Por este motivo, en 2012 la fundación Apache creó Apache Spark, un sistema de código abierto capaz de distribuir los datos a los servidores a través de su memoria RAM, dividiendo los grandes conjuntos de datos en unidades más pequeñas denominadas *Chunks*. Debemos indicar que Spark no usa la metodología MapReduce. Gracias a esto, Apache Spark es mucho más rápido que Hadoop MapReduce, siendo muy utilizado para proyectos de *machine learning*. Esto no impide que Hadoop MapReduce pueda emplearse de manera combinada con Apache Spark. Esta simbiosis es muy buena opción a la hora de trabajar con grandes conjuntos de datos porque aprovecha los puntos fuertes de ambas.

Hemos hablado de datos distribuidos entre servidores, pero esto puede causarnos dudas sobre cómo está montado todo esto. Si bien cada infraestructura tiene sus propias características, todas ellas tienen elementos comunes. Vamos a verlos en el siguiente esquema para entenderlo mejor:

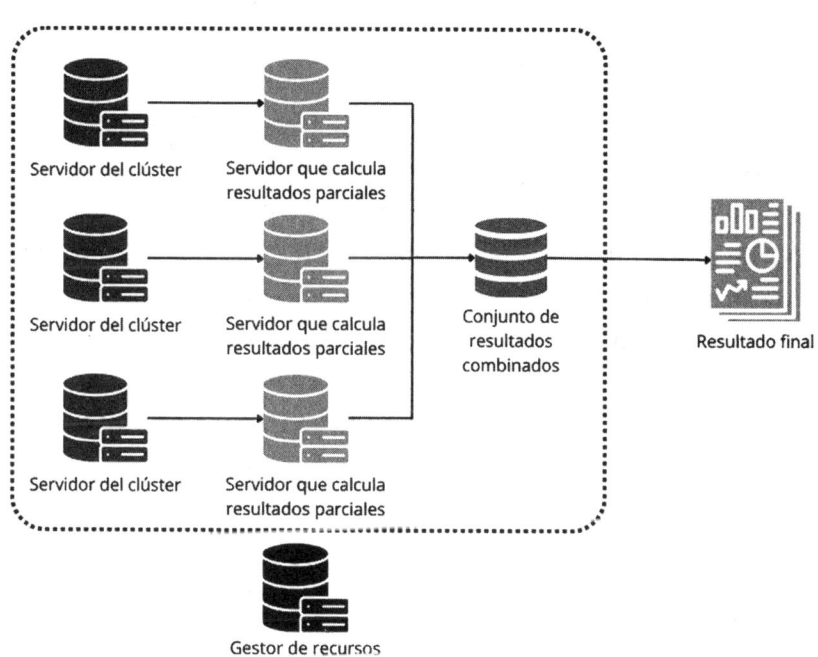

Esquema de un clúster de *big data*.

Cada uno de los servidores del clúster de la figura posee su propia CPU, RAM y disco duro. No tienen que ser todos iguales y se puede emplear cualquier tipo de máquina. Esto hace que se reduzcan los costes de estas arquitecturas. Estos servidores se conectan mediante una red local que comunica los resultados que cada servidor calcula con los datos que almacena en su disco duro. Los resultados pasan a un servidor que calcula resultados parciales. Estos servidores a su vez envían los resultados parciales a un servidor o servidores encargados de combinar los resultados parciales para obtener el resultado final deseado. Este resultado final queda almacenado en estos servidores. Además, existe un gestor de recursos, que es un servidor que controla que el funcionamiento del clúster sea adecuado, evitando que haya tareas que saturen un servidor mientras otros no hacen nada. Otro de sus cometidos es analizar el correcto funcionamiento de los servidores, forzando el reinicio de aquellos servidores en los que observen un mal funcionamiento y lanzando una alarma. Dependiendo de cómo se distribuyan los datos y de su replicación, la arquitectura de estas redes de servidores y su comportamiento pueden variar mucho, pues si tenemos los datos muy replicados debemos asegurar que cuando existen cambios en los datos de un nodo estos se propaguen lo más rápido posible para evitar incongruencias.

En este capítulo hemos conocido cómo se trabaja con grandes volúmenes de datos y cómo la tecnología ha avanzado para adaptarse a un mundo en el que cada vez se generan más y más datos. Aunque en la actualidad tenemos muchas tecnologías disponibles, el manejo de grandes conjuntos de datos sigue siendo un reto para muchas empresas, sobre todo para aquellas no especializadas en desarrollo de *software*.

IV. LA ÉTICA EN LOS DATOS Y ALGORITMOS

«Virtualmente, cada gran avance tecnológico en la historia de la
especie humana, desde el invento de las herramientas de piedra
y la domesticación del fuego, han sido éticamente ambiguos».
CARL SAGAN

Con la llegada de los modelos generativos todo el mundo habla y
escribe sobre inteligencia artificial, prevaleciendo opiniones con
miedo sobre las fuentes de datos que se usan para crear dichos
modelos y sobre la ética de usar arte, fotografías y texto que
publicamos en redes sociales y webs sin nuestro consentimiento.
La sensación que tiene el público general es que los científicos de
datos somos personas sin escrúpulos que tomamos fotografías,
interacciones y textos de forma ilícita, pero ¿realmente es así?

Actualmente vivimos en un escenario en el que la mayoría
de los habitantes de los países desarrollados poseemos teléfonos
inteligentes o relojes inteligentes, e interactuamos con dispositivos electrónicos conectados (controles de climatización, iluminación, etc. en las viviendas, sensores médicos, vehículos con tarjetas SIM, tarjetas NFC con las que hacemos pagos, accedemos
al transporte público...). Todo esto hace que estemos generando
datos de manera constante, a una velocidad solo limitada por la
capacidad de nuestra conexión y en muchas ocasiones sin ser

totalmente conscientes de ello y desconociendo si van a ser utilizados por terceros sin nuestro control. Es cierto que, gracias a este uso de nuestros datos, obtenemos ventajas como tener información del tráfico en tiempo real cuando estamos conduciendo, conocer los niveles de glucosa de un familiar dependiente desde nuestro teléfono, o poder activar la calefacción de nuestro hogar cuando volvemos del trabajo. Pero, ¿realmente todos ganamos con este tráfico de datos? ¿Hay algún tipo de ética en su uso?

Con respecto a nuestros datos existen tres problemas principales:

— LA PROPIEDAD DEL DATO: existe la duda de quién es realmente el propietario de los datos, no queda claro de si es la persona que los genera o la empresa que los almacena. Esta cuestión está llegando ya a los tribunales y se han establecido penas a empresas, redes sociales e incluso a personas por la difusión de datos sin consentimiento.
— LA PRIVACIDAD: no solo la propiedad del dato ha pasado a depender de empresas, también la privacidad. De manera consciente o inconsciente estamos proporcionando datos personales a terceros, estando su seguridad en manos de estas empresas y fuera de nuestro control. Con frecuencia encontramos noticias sobre filtraciones de datos de empresas de servicios y nos surge la duda de si estaban convenientemente anonimizados o si nuestra vida privada va a acabar en malas manos.
— LA RESPONSABILIDAD DE LOS DATOS: es muy difícil encontrar al responsable de nuestros datos. Si estos se han usado de manera ilícita, ¿a quién debemos reclamar? Imaginemos que somos un ilustrador y que un día encontramos imágenes creadas por un modelo generativo (Dall-e, Stable diffusion o equivalente) muy similares a nuestra obra ¿Reclamamos a la web donde subimos nuestro portafolio o a la empresa creadora del modelo generativo? Esta pregunta es muy complicada de resolver en muchos casos.

A estos problemas le deberíamos añadir el desconocimiento de la gente, no solo de las personas de a pie, sino también de muchos científicos e incluso personas que se postulan como expertos en el ámbito de la inteligencia artificial. Esta desinformación ha llevado al punto de publicar artículos científicos que proponen ideas tan alocadas como que la inteligencia artificial genera y propaga sesgos, cuando hemos visto en el capítulo anterior que los sesgos los introducimos nosotros al escoger un mal conjunto de datos de entrenamiento. Fruto de la publicación de este tipo de artículos, unido a noticias alarmistas, surge el miedo entre la población hacia la inteligencia artificial. Esto tiene su gracia si tenemos en cuenta que constantemente hacemos uso de sistemas englobados dentro del conjunto que abarca esta disciplina sin ningún miedo, usamos robots aspiradores, aplicaciones que nos indican la ruta más rápida para ir a un lugar, aplicaciones que nos recomiendan música, series...

La ética en el uso de los datos no es algo nuevo ni exclusivo del ámbito de la inteligencia artificial, ya en 1986, Richard Mason hizo una descripción de los temas éticos que surgían de la interacción entre derechos humanos y tecnologías de la información (Mason, 1986). En este artículo trataba temas como la intimidad, la propiedad intelectual, la exactitud de los datos y su accesibilidad; podemos afirmar que era un adelantado a su tiempo. Años más tarde, cuando ya existían las redes sociales y el IoT, Kord Davis y Doug Patterson publicaban su libro *Ethics of Big Data* (Kord Davis, 2012). En este libro se indica que los problemas de identidad, privacidad, propiedad y reputación son la base esencial de una ética aplicada al *big data*. Hoy en día muchos de estos problemas éticos están cubiertos por la ley. Tenemos, además, organismos como la Agencia Española de Protección de Datos que velan para que se respete la privacidad de nuestros datos. Pero conforme va avanzando la tecnología, surgen nuevos problemas éticos que deben abordarse. Un ejemplo lo tenemos con la llegada y expansión de los modelos generativos de imágenes y textos.

En diciembre de 2023, el Comité Español de Ética de la Investigación publicó un documento titulado *Recomendaciones éticas para la investigación en inteligencia artificial*. Este documento plantea de una forma muy resumida los desafíos éticos que podemos encontrar en los modelos de *Machine Learning (ML)*. Este tipo de algoritmos manejan una gran cantidad de datos, tanto para el entrenamiento en modelos supervisados (sistemas para solucionar problemas de los que conocemos la respuesta, son entrenados y testeados con datos etiquetados con dichas respuestas) como para hacer clasificaciones de datos con modelos no supervisados (sistemas que nos dan una solución ante un problema del que desconocemos la respuesta, por lo que no tenemos ejemplos etiquetados con los que entrenarlos). El documento agrupa estos desafíos en tres apartados, vamos a describirlos en detalle:

1. RESPONSABILIDAD EN EL DESARROLLO Y EL USO DE SISTEMAS AUTÓNOMOS: los modelos de *machine learning* toman decisiones de forma autónoma. Aquí se exponen aspectos relacionados con esta toma de decisiones:
   — *Salvaguardar los derechos humanos y fundamentales*: aquí se indica que debemos evaluar el impacto que tendrá el uso de nuestro modelo en la sociedad. Este es un paso que debería darse en las primeras fases de nuestro proyecto, antes de su desarrollo.
   — *Salvaguardar el medioambiente*: este punto plantea el consumo de energía que tienen los modelos de *machine learning* y *deep learning* en sus fases de entrenamiento. Este consumo de energía es directamente proporcional al tamaño del conjunto de entrenamiento y a la profundidad de las redes neuronales que usemos. Lo que pide el documento es que, antes de emplear una red neuronal muy profunda, meditemos bien si es necesaria dicha profundidad, e incluso si podemos emplear otro tipo de modelos con un menor consumo energético con idénticos o mejores resultados.

— *Responsabilidad*: se plasma la necesidad de que los desarrolladores proporcionen guías en las decisiones y acciones de los modelos creados, colaborando con sus instituciones y asesores para evaluar los riesgos del uso de estos sistemas en caso de que se vayan a comercializar. Se debe destacar que este punto es relevante incluso en el caso de que no se comercialice el *software*, pues podría ser distribuido de manera abierta o gratuita. Lo que pretende es que se eviten acciones o decisiones sesgadas, para lo cual se debe preparar un buen conjunto de datos que tenga en cuenta todas las situaciones probables a las que se enfrentará el sistema, o la mayor parte posible.

— *Inspeccionabilidad y trazabilidad*: este apartado indica que los sistemas de *machine learning* deben dejar de comportarse como «cajas negras» y permitir ser trazados e inspeccionados. Digamos que este punto aborda el falso mito de que los modelos de *machine learning* son cajas negras que toman decisiones sin que sepamos la causa, si bien no es así. Para que una entidad que no ha participado en su desarrollo pueda trazar bien las reglas internas del sistema, no solo debemos publicar el *software* desarrollado, sino también los conjuntos de entrenamiento y test empleados. Esto es una buena práctica en investigación, existiendo repositorios de acceso abierto, como Zenodo, donde podemos publicar nuestros conjuntos de datos. Lo bueno de Zenodo es que nuestros datos quedan almacenados de forma segura en el centro de datos del CERN, garantizando que se mantendrán ahí mientras el CERN exista. Para asegurar la trazabilidad también debemos publicar los pesos de nuestras redes, así como los datos de los parámetros de entrenamiento que hemos empleado. Esto a su vez ayuda a que futuros investigadores puedan continuar nuestro trabajo o incluso reutilizarlo entrenando solo unas capas de nuestro modelo para adaptarlo a otros problemas.

— *Divulgación de la investigación*: este reto es importante, se debe divulgar y explicar lo que se está desarrollando, junto con los problemas encontrados y las soluciones llevadas a cabo. No es de recibo que la población piense que IA se refiere solo a sistemas como ChatGPT o Dall-e, deben conocer que existen sistemas de detección de tumores en imágenes de resonancia magnética (RMI), sistemas de diagnóstico de glaucoma a partir de imágenes de fondo de ojo, detección y seguimiento de lesiones cerebrales en RMI y un gran, etc.

2. CONSECUENCIAS Y RESPONSABILIDAD SOCIALES DE LA INVESTIGACIÓN: los sistemas de *machine learning* proporcionan diferentes respuestas dependiendo de las interacciones con el entorno y los individuos. Esta capacidad de adaptación, pese a ser una ventaja, los hace impredecibles en algunas ocasiones. Por este motivo es recomendable:

— *Reconocer la incertidumbre*: es necesario trabajar en equipos multidisciplinares para ser capaces de preparar un conjunto de datos adecuado, que minimice la impredecibilidad del modelo y evite un comportamiento erróneo ante situaciones desconocidas. También se recomienda la inclusión de la ética y los derechos humanos como materia en la educación de los desarrolladores de la IA. Abordar correctamente la primera cuestión es vital, ya que los científicos de datos sabemos convertir el dato en información, pero necesitamos apoyarnos en las personas a cuya área de conocimiento pertenecen dichos datos para comprenderlos. Por otra parte, y para evitar que nuestros datos no representen al total de la población, también sería necesario un equipo de gente especializada en sesgos, pues por mucho que lo intentemos evitar, todos tenemos sesgos que vamos a transmitir a nuestros algoritmos de manera inconsciente.

— *Asegurar una participación amplia*: se trata de comunicar los riesgos de la herramienta que hemos desarrollado y hacer partícipes a las personas afectadas por sus decisiones. Las instituciones y autoridades deben facilitar la participación de los ciudadanos en los debates sobre el propósito de la investigación, su aplicación y estructura de sus programas. Esto depende mucho del desarrollo que estemos realizando, pues no es lo mismo que tratemos un modelo de segmentación que identifique galaxias en las imágenes de un telescopio, que un modelo de detección de tumores en pacientes o que priorice el trasplante de órganos a unos pacientes en función a unos parámetros. Habrá casos en los que sea necesario y otros en los que no tenga sentido.

— *Asegurar la protección de datos y la consideración a los individuos*: cuando recogemos grandes conjuntos de datos de personas corremos el riesgo de tomar datos personales que puedan acabar usándose para motivos ajenos a nuestra investigación, ya que nuestro conjunto de datos será publicado para que nuestro *software* sea trazable. Por tanto, los datos se deben anonimizar en la mayor medida posible desde el origen para evitar que, a través de ellos, se puedan identificar personas. No solo eso, debemos tener el consentimiento de las personas cuyos datos recogemos para que estos sean compartidos y usados en nuestra investigación. También deben cumplirse las normativas vigentes de protección de datos.

3. DATOS: los datos en sí son otra de las fuentes de riesgos en los modelos de *machine learning*. Como vimos en el capítulo anterior, la calidad del dato es un factor determinante en el buen funcionamiento de un sistema de ML. Las recomendaciones son:

— *Aseguramiento de la calidad*: un conjunto de datos sesgados, incompletos o erróneos pueden provocar una toma de decisiones equivocada o llena de incertidumbre. Por este motivo, deben facilitarse fuentes de datos abiertas y fiables. Por ejemplo, si queremos detectar lesiones cerebrales en un paciente, necesitaremos un gran repositorio de imágenes de resonancia magnética de cerebros de personas sanas y con lesiones, pues si usamos solo las imágenes obtenidas de un único hospital, nuestro sistema estará adaptado a una determinada máquina de resonancia magnética y fallará en hospitales que usen una de otro fabricante.

— *Acceso justo a los datos*: es importante asegurar que tanto la investigación como los datos empleados estén disponibles de manera abierta. Existe el riesgo de que algunas partes del estudio evadan los requerimientos de transparencia que se aplican en el ámbito de la investigación, ya que pueden ser la clave para obtener ventajas competitivas. Tanto el gobierno como las instituciones deben facilitar el acceso público a los datos y asegurar transparencia en la infraestructura, la propiedad de la tecnología y los datos, justificación de la investigación, su área y los posibles beneficiarios. Aquí debemos añadir la necesidad de informar a los propietarios de los datos, si estos están publicados en sus webs, de que vamos a acceder a ellos de forma automatizada para capturarlos, acordando con ellos las frecuencias de acceso para evitar colapsar sus servidores.

Tras analizar estos puntos, vemos que muchos de ellos no son solo aplicables en el ámbito de la investigación, sino que también deberían estar muy presentes en el desarrollo de las empresas privadas. Si bien no se deberían publicar los datos abiertamente, estos deberían estar disponibles para aquellos departamentos de la organización que los puedan necesitar.

Este documento no es más que una guía de buenas prácticas; si bien es un comienzo, es necesario un marco regulatorio que evite que se haga un uso poco ético tanto de los datos como de los modelos. También necesitamos que se proteja a los dueños de los datos para evitar que se obtengan de forma ilícita accediendo sin permiso a sus páginas web o publicaciones. En el caso de las webs, suelen tener un archivo llamado Robots.txt, donde la organización dueña de la página indica si se puede acceder a sus páginas mediante algoritmos y a cuáles no se puede acceder con estos programas. Por desgracia, este archivo no tiene validez legal y las webs dependen de la ética de las personas que diseñan estos sistemas automáticos de obtención de datos.

V. SEGURIDAD Y PRIVACIDAD

*«La vida privada de un ciudadano
debe ser un recinto amurallado».*
CHARLES MAURICE DE TALLEYRAND

A diferencia de la ética en los datos, ya comentada en el capítulo anterior, para la que tenemos que confiar en el buen hacer de los desarrolladores de los sistemas, en el ámbito de la seguridad y privacidad existen leyes encargadas de salvaguardar nuestros datos.

Debemos comenzar definiendo bien los conceptos de seguridad y privacidad de nuestros datos porque son dos conceptos muy diferentes:

— La SEGURIDAD tiene como objetivo evitar el acceso, la pérdida o modificación no autorizada de los datos.
— La PRIVACIDAD busca la protección de aquellos datos personales de carácter sensible, asegurando su no difusión, integridad y autenticidad.

Podemos observar que ambos conceptos tienen puntos comunes como: asegurar la autenticidad del dato, su disponibilidad y evitar accesos no autorizados a la información o su difusión. Su principal diferencia es que la seguridad abarca todo tipo de datos y además protege contra la pérdida de los mismos, mientras que el ámbito de la privacidad solo contempla los datos personales o sensibles.

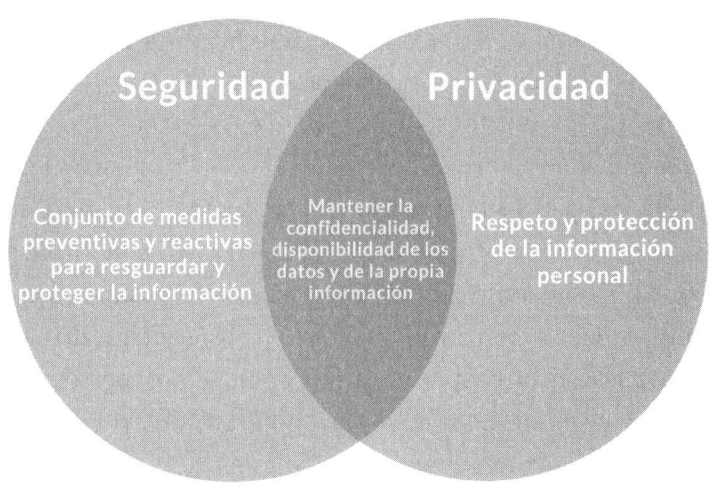

Diagrama con las diferencias y similitudes entre seguridad y privacidad.

La Declaración Universal de los Derechos Humanos (Naciones Unidas, s. f.) enumera en sus treinta artículos los derechos básicos de los seres humanos, entre los que se encuentran la seguridad y privacidad de las personas. Por esta razón, los diferentes países del mundo han creado leyes para regular aquellos aspectos de la actividad de negocio que se encuentran relacionados con la sociedad y las tecnologías de la información. El respeto de la seguridad y privacidad de los datos debe ser un punto clave para cualquier organización, más allá del cumplimiento de las normas y leyes existentes. Estas normas y leyes son la parte más visible, pero las organizaciones deben también tener en cuenta que sus acciones afectan a sus relaciones con los clientes. Por ejemplo, cuando como clientes nos planteamos cambiar de operador telefónico, si entre las opciones hay una empresa famosa por haber sufrido varios ataques y filtraciones de datos de usuarios, tenderemos a desconfiar de ella y escogeremos otra con una mejor reputación. Al final, es esa combinación de reputación y cumplimiento de leyes lo que persigue una organización.

Como muchas cuestiones de las que hablamos en este libro, parece que la preocupación por la seguridad y privacidad de los datos es algo novedoso, un nuevo reto fruto de este mundo conectado y conquistado por la IA en el que vivimos, o al menos eso es lo que nos hacen pensar muchos titulares y gurús. Pues no es así, la preocupación por estos aspectos llegó con la proliferación de los ordenadores en los años 70, que fue cuando las grandes compañías comenzaron a recoger y almacenar datos a gran escala (tanto de la propia empresa como datos personales de empleados y clientes). En esa época no existían leyes ni normas para proteger esta información, así que en 1974 el Gobierno de Estados Unidos definió las *Fair Information Practice Principles* (FIPPs), texto traducido al castellano como los «principios de las prácticas de información justas» (U. C. Berkeley, s. f.). A pesar de que estos principios por sí mismos no son una ley, son los cimientos de la legislación sobre privacidad en Estados Unidos. Son los siguientes:

— TRANSPARENCIA: garantiza que no se recojan datos en secreto, proporciona información sobre la toma de datos personales para que los usuarios puedan elegir con conocimiento de causa.
— CAPACIDAD DE ELECCIÓN: ofrece a las personas la posibilidad de elegir cómo se utilizará su información.
— CORRECCIÓN: otorga a las personas el derecho a revisar y corregir su información personal.
— PROTECCIÓN DE LA INFORMACIÓN: exige a las organizaciones que protejan la calidad e integridad de la información.
— RESPONSABILIDAD: responsabiliza a las organizaciones del cumplimiento de los FIPPs.

Podemos observar que, hoy en día, estos cinco principios siguen siendo válidos, pese a todo lo que ha evolucionado la tecnología desde entonces y a que en la actualidad se han añadido los siguientes desafíos:

—*Big data*: como ya hemos comentado en el capítulo 3, el *big data* consiste en la obtención de datos a gran escala, normalmente en tiempo real. Esto tiene el peligro de permitir el seguimiento y creación de perfiles de usuarios, el almacenamiento de grandes volúmenes de datos en entornos distribuidos y su duplicidad a gran escala, ya que, debido a que muchos de ellos se obtienen en tiempo real de dispositivos sencillos, podemos tener inexactitudes y pérdida de datos. Además, estos datos de ubicación, valores biométricos, etc. pueden ser usados por organizaciones y gobiernos para vigilarnos.

—*Cloud computing*: el almacenamiento en la nube provoca que no controlemos en qué país se encuentran los datos ni la legislación que los protege, así como la transmisión de los datos entre diferentes nodos.

—Enriquecimiento de los datos: los datos recogidos de múltiples fuentes pueden cruzarse y vulnerar la privacidad de los usuarios. Por ejemplo, nuestros bancos conocen el origen de nuestras compras; con este dato podrían conocer nuestro tipo de vida y así cambiarnos la prima de nuestros seguros o denegarnos un préstamo.

—Fusiones y compras: cuando dos empresas se fusionan o una compra a otra ¿Qué sucede con los datos? Esto lo hemos visto recientemente con la compra de la empresa Ancestry, que ofrecía a los clientes conocer sus orígenes a través de su información genética obtenida con una muestra de saliva, por el fondo buitre Blackstone. Todos estos datos genéticos permanecen en un limbo, pues Blackstone puede acceder a ellos e incluso comerciar con ellos.

—Transferencia automática de datos: se debe asegurar que los datos no se modifican durante su envío. Con millones de intercambios de datos al día, garantizar su integridad es un reto para las organizaciones.

Debido a todos estos desafíos, la tendencia de creación de leyes de privacidad de los datos ha ido en aumento en los últimos años y parece que va a seguir creciendo. Lo malo es que estas leyes no son universales, cada país tiene las suyas y hay países más restrictivos y países más laxos. Por poner un ejemplo, en Europa, la protección de datos se considera un derecho de los seres humanos y está regulada por la legislación de protección de datos, mientras que, en Estados Unidos, la actitud hacia la protección de los datos viene dirigida por las fuerzas del mercado. Por desgracia, muchos centros de datos de empresas importantes se encuentran en territorio estadounidense. Antiguamente, existía un convenio de colaboración entre Europa y Estados Unidos llamado *Safe Harbor*, que establecía protecciones de privacidad comparativamente estrictas para los ciudadanos de la Unión Europea, prohibiendo a las empresas europeas transferir datos personales a jurisdicciones extranjeras con leyes de privacidad más débiles. Desgraciadamente, fue declarado inválido en octubre de 2015 debido a que EE. UU. no estaba proporcionando un nivel de protección adecuado de los datos transferidos allí.

Como enumerar todas las normativas de protección de datos sería muy largo y terriblemente aburrido, lo mejor para conocer las normativas de cada país es acceder a la web de la agencia de protección de datos correspondiente. En el caso de España, la AEPD (Agencia Española de Protección de Datos) no solo tiene toda la legislación disponible, sino que además tiene vídeos explicativos e infografías muy interesantes.

Hemos hablado de la privacidad y ahora vamos a profundizar en la importancia de la seguridad, pues en la creación de empresas digitales, una de las áreas que más se pasa por alto es la CIBER-SEGURIDAD. Entendemos por ciberseguridad la protección de los sistemas y redes de información frente a los ataques de agentes maliciosos. Al ritmo actual de digitalización de procesos, se estima que los costes de la ciberdelincuencia alcanzarán los 10,5 billones de dólares anuales en 2025, un 300 % más que en 2015

(McKinsey & Company, 2023). Pese a ello, los responsables de la toma de decisiones suelen ser víctimas del «sesgo de normalidad», o la tendencia a subestimar la probabilidad o el impacto de un peligro potencial, basándose en la creencia de que las cosas seguirán como en el pasado. En otras palabras, la conocida frase de «a mí no me va a pasar». De hecho, existen seis creencias comunes entre los líderes empresariales y emprendedores que crean riesgos innecesarios a las organizaciones, que son:

1. «Como estamos probando un nuevo concepto, no necesitamos «extras» como la ciberseguridad o la gestión de riesgos. Tampoco necesitamos preocuparnos por la privacidad de los datos, ya que aún no tenemos clientes». La realidad es que, si el equipo ejecutivo ha decidido crear un nuevo concepto de negocio, es probable que dicho concepto esté lo suficientemente maduro como para justificar una inversión en recursos, tecnología y procesos, siendo estos activos susceptibles de sufrir ciberataques.

2. «Si establecemos procesos y medidas de ciberseguridad, nuestro lanzamiento se retrasará y perderemos nuestra ventaja». Añadir la gestión de riesgos y la ciberseguridad consumirá tiempo, pero no un tiempo inmanejable. De hecho, el esfuerzo requerido al principio evitará tener que volver a trabajar al final. Si, por el contrario, nos apresuramos a lanzarnos sin una reflexión estructurada sobre los riesgos, nos podemos enfrentar a problemas más importantes como multas, filtraciones de datos o demandas judiciales.

3. «El gasto en gestión de riesgos y ciberseguridad no es garantía de protección, por lo que no merece la pena asignar recursos a estas áreas». A menudo hay un desajuste entre el gasto y la madurez tecnológicos dentro de las grandes empresas, pero existe un nivel básico de ciberseguridad que toda empresa necesita. Si bien los fundamentos no son difíciles de aplicar, requieren de experiencia y

conocimientos. Cuanto más tiempo pasen sin abordarse dentro del ciclo de vida de desarrollo del producto, más difícil y costoso resultará incorporarlos al producto.

4. «Nuestra gente de producto lo tiene bajo control. Entiende nuestra propuesta y cómo los ciberdelincuentes podrían amenazarla. Nuestro director de tecnología dice que sabe cómo controlarlo, así que estoy tranquilo». Los jefes de equipo de producto y los miembros del equipo tienen distintos niveles de conocimiento, por ejemplo, en relación con las últimas normas de cifrado de datos o las soluciones de supervisión del centro de operaciones de seguridad. La ciberseguridad es una vasta disciplina que requiere conocimientos especializados; incluso los profesionales más experimentados buscan opiniones y consultas de otros a la hora de innovar nuevos productos y servicios. Por tanto, es necesario un departamento de ciberseguridad con profesionales que se mantengan actualizados.

5. «Somos pequeños e insignificantes, pero nuestra empresa matriz es un gigante. Seguro que está al tanto de nuestra gestión de riesgos y ciberseguridad». Con frecuencia, los equipos de seguridad de la empresa matriz no tienen la capacidad de proteger a las empresas subsidiarias. Esto puede deberse a desajustes en el ámbito tecnológico (por ejemplo, la empresa matriz aún no se ha trasladado a la nube). Los recursos de seguridad de la empresa matriz suelen estar ya al límite, lo que significa que no puede prestar mucha atención a las subsidiarias cuando hay que tomar decisiones.

6. «Ya tenemos una herramienta por la que hemos pagado mucho, así que estoy seguro de que al menos estamos cubiertos frente a los principales riesgos». Una herramienta por sí sola nunca es suficiente. Se necesita una combinación de procesos, personas y tecnología. Además, podemos comprar la mejor herramienta del mercado, pero ¿su utilidad reflejará nuestras necesidades?

Seguramente hemos escuchado alguna de estas afirmaciones alguna vez. Afortunadamente, los directivos de las empresas van poco a poco tomando conciencia de la importancia de la seguridad, pues ante una brecha de seguridad no solo están en peligro los datos de la empresa, sino también su reputación.

Pero las organizaciones no solo deben garantizar la seguridad de sus productos digitales, ya sean webs, cualquier dispositivo conectado, etc. Además, deben asegurar su propia seguridad para evitar accesos a sus redes y conjuntos de datos. Imaginemos que una organización está realizando un sistema de reconocimiento de peatones para instalar en los vehículos. Un ciberdelincuente o una organización terrorista podría intentar acceder a la red de la empresa para modificar esos conjuntos de datos y propiciar atropellos a diferentes tipos de personas. La seguridad de los datos es vital en un mundo cada vez más automatizado. En este contexto, las personas son el eslabón más débil en la seguridad de una organización, con técnicas de ingeniería social cada vez más sofisticadas y difíciles de detectar, siendo necesario educar y mantener actualizados a los empleados para evitar ser víctimas de ataques.

Nos hemos centrado en la seguridad y privacidad de los datos, pero no debemos olvidar otro elemento relevante: el algoritmo. En todos los sectores se emplean algoritmos, nosotros mismos los empleamos para automatizar procesos cotidianos. Pero los algoritmos pueden tener errores o características que pongan en peligro la seguridad o privacidad. Hoy en día, no existen normativas para el control de la seguridad y privacidad en los algoritmos, pero se están llevando a cabo iniciativas de aplicación de principios técnicos, sobre todo en el ámbito del *machine learning*. Los principios son los siguientes:

—RESPONSABILIDAD: debe existir una persona que se haga responsable de los posibles efectos adversos de nuestro sistema.

—EXPLICACIÓN: los efectos de un algoritmo deben poder ser explicados a las personas afectadas por sus decisiones. Las explicaciones tienen que ser accesibles y comprensibles.

—EXACTITUD: los modelos de *machine learning* pueden cometer errores. Deben identificarse, registrarse y compararse las fuentes de errores para mitigar sus efectos.

—AUDITORÍA: los sistemas deben diseñarse para poder ser auditados por terceros que validen su comportamiento.

—EQUIDAD: los algoritmos pueden contener sesgos de sus programadores. Es necesario determinar si produce discriminaciones.

Podemos observar que estos principios son muy similares a los principios éticos expuestos en el capítulo anterior, pues la ética va de la mano con la seguridad y la privacidad a la hora de diseñar algoritmos de inteligencia artificial fiables.

Segunda parte

LOS ALGORITMOS CLÁSICOS DE INTELIGENCIA ARTIFICIAL

VI. SISTEMAS EXPERTOS

«Un experto es una persona que ha cometido todos los errores
que se pueden cometer en un determinado campo».

NIELS BOHR

En el capítulo uno hemos mencionado los sistemas expertos y
cuándo surgieron, pero no hemos explicado qué son y cómo se
crean. Debido a su complejidad es necesario que dediquemos un
capítulo para hablar de ellos, descubriendo cuán interesantes son.

Un sistema experto consiste en un programa informático que,
basándose en los conocimientos en un área de especialización
concreta proporcionados por expertos y codificados de manera
adecuada, es capaz de responder ante una pregunta que haga el
usuario del mismo modo en que lo haría un experto humano.
Para ello, debe manejar grandes cantidades de datos para conseguir dar respuestas inteligibles y con significado. Para desarrollar este tipo de sistemas surgieron lenguajes de programación
como LISP y PROLOG. Son los denominados lenguajes funcionales, en los que las funciones tienen el protagonismo, son
lenguajes muy expresivos con una gran elegancia matemática.
Estos lenguajes están diseñados para manejar datos y analizar-
los, no para modificarlos. Pero volvamos a los sistemas expertos,
pues es importante conocer su estructura. Para ello tenemos la
siguiente figura:

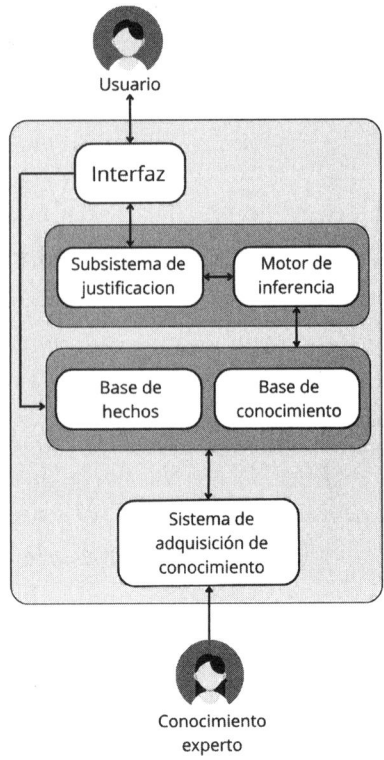

Esquema de un sistema experto.

Vamos a describir cada parte del sistema experto para que nos sea más fácil comprenderlos. Sus partes son las siguientes:

— Interfaz de usuario: el sistema experto necesita comunicarse con el usuario para recibir sus consultas y devolverle sus conclusiones. Esta interfaz debe ser amigable y fácil de usar, por lo que los sistemas expertos suelen interactuar con el usuario mediante un chat. El sistema experto debe comprender el lenguaje humano y responder con un lenguaje coherente. Del mismo modo que hoy conversamos con herramientas como ChatGPT, con estos programas se conversaba igual, si bien en los primeros años su conversación era más limitada. En aquellos primeros sistemas de los años 80 y 90, la interfaz era una consola como la que vemos hoy en día al abrir el «Símbolo de Sistema» de Windows.

— SISTEMA DE ADQUISICIÓN DE CONOCIMIENTO: mediante esta interfaz se le introduce el conocimiento al sistema experto. Como esta información debe estar codificada para que sea comprensible por la máquina, no la introduce el experto directamente, sino que lo hace una persona que conoce la codificación de la aplicación. A esta persona se la conoce como ingeniero de conocimiento. Sería el análogo al ingeniero de *prompts* que existe en la actualidad y que se encarga de aplicar su conocimiento en el comportamiento del modelo para hacer las consultas adecuadas a los modelos generativos y obtener el resultado deseado. En algunos sistemas se añade un SISTEMA DE CONTROL DE COHERENCIA que se encarga de evitar que se introduzcan reglas contradictorias o repetidas.

— BASE DE CONOCIMIENTO: contiene el conjunto de reglas que componen el conocimiento del sistema. En el caso de programas con una componente probabilística, también contendría la función de probabilidad que hemos empleado. En el caso de un sistema experto de medicina, las reglas estarían almacenadas en forma de tabla de relaciones entre síntomas y enfermedades.

— BASE DE HECHOS: es una memoria temporal donde se almacenan los datos del problema a resolver que introduce el usuario, servirán para buscar en la base de conocimiento.

— MOTOR DE INFERENCIA: es el alma del sistema experto, obtiene conclusiones aplicando el conocimiento a los hechos expuestos por el usuario. Por ejemplo, en el diagnóstico médico, los datos de los síntomas introducidos por el paciente se analizan mediante la tabla de relaciones entre síntomas y enfermedades. Las conclusiones que devuelve pueden basarse en:

— *Conocimiento determinista*: hay un conjunto de reglas que siempre se cumplen.

— *Conocimiento probabilístico*: cuando los hechos no se conocen de una forma segura porque se dispone solo de información difusa o aleatoria. En estos sistemas, la tarea principal del motor de inferencia es la propagación de incertidumbre para alcanzar respuestas con una alta probabilidad de acierto.

— SUBSISTEMA DE JUSTIFICACIÓN: esta parte se encarga de proporcionar las explicaciones de por qué el sistema experto ha llegado a la conclusión que ha dado. No solo es útil para proporcionar una trazabilidad y comprender el buen funcionamiento de la aplicación, también sirve para que un usuario no experto aprenda. De hecho, parte del éxito de los sistemas expertos en los años 90 era su capacidad de proporcionar formación a nuevos empleados en las empresas, ahorrando el coste de tener formadores.

Además de estas partes, hay sistemas expertos capaces de aprender, cuya instrucción la adquieren al interactuar con el usuario. Si al devolver un resultado y las explicaciones que le llevaron a él, el usuario le responde con una negativa, el sistema ajusta la tabla de relaciones o las probabilidades para mejorar sus futuras respuestas.

Hemos visto que el motor de inferencia del sistema experto es su parte más importante, pues es la que determina su funcionamiento. Hay diferentes maneras de construir un motor de inferencia dependiendo del uso que vaya a tener el sistema experto, y estas implementaciones son las que determinan el tipo del sistema experto. Se clasifican de la siguiente manera:

— BASADOS EN REGLAS: su conocimiento suele basarse en reglas previamente establecidas del tipo «Si... entonces...». Este tipo de reglas se guardan en tablas de relaciones para que sean rápidas de analizar. A la hora de obtener soluciones, trabajan aplicando las reglas, comparando resultados y aplicando nuevas reglas basándose en los cambios que ha habido en la situación. Otra forma de actuar es aplicando reglas de inferencia lógica, comenzando con una evidencia inicial en una situación, aplicando hipótesis sobre las posibles soluciones y volviendo hacia atrás para encontrar una evidencia existente que apoye una hipótesis concreta.

— BASADOS EN CASOS: estos sistemas solucionan nuevos problemas basándose en las soluciones que dieron a problemas anteriores. Del mismo modo que nosotros aplicamos una solución a un problema porque nos acordamos de que una vez resolvimos algo parecido con dicha solución y funcionó.

— BASADOS EN REDES BAYESIANAS: una red bayesiana es un grafo dirigido, sin bucles, que muestra un conjunto de variables aleatorias y sus dependencias. Por ejemplo, podemos tener una red bayesiana con relaciones entre problemas en un coche y sus síntomas. Dados los síntomas, podemos recorrer dicha red para computar las probabilidades de la presencia de problemas en el vehículo. Veamos un dibujo de cómo sería:

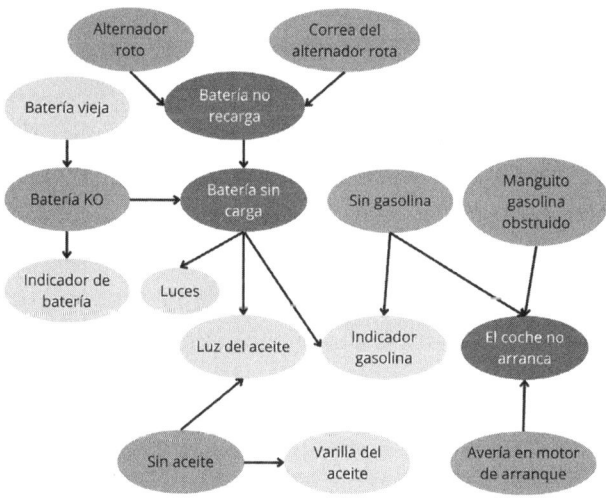

Ejemplo de red bayesiana.

73

— Sistemas difusos: también conocidos como sistemas borrosos. Se basan en la idea de que el mundo no es binario. Esto es un hecho que experimentamos a diario cuando realizamos tareas cotidianas. Por ejemplo, al abrir el grifo de la ducha advertimos que esta no sale solo caliente o fría, sino que hay valores intermedios que dan lugar a esa agua templadita que tanto nos gusta. Pero no hablamos de temperaturas fijas, sino que se solapan dando lugar a agua menos fría, templada tirando a fresca, templada tirando a caliente, caliente desagradable, caliente que nos abrasa..., un caos complicado de asimilar por una máquina. Para tratar con esta clase de problemas se creó la lógica difusa, que aplica el modelo matemático de los conjuntos difusos. ¿Cómo representa un sistema difuso las temperaturas del agua? Lo hace solapando gráficas (conjuntos difusos). Un conjunto borroso es una clase definida por una condición relajada, esto es: una variable puede pertenecer en distintos porcentajes a varios conjuntos borrosos. Para simplificar esta idea, que *a priori* puede parecer confusa, volvamos al ejemplo del agua de la ducha:

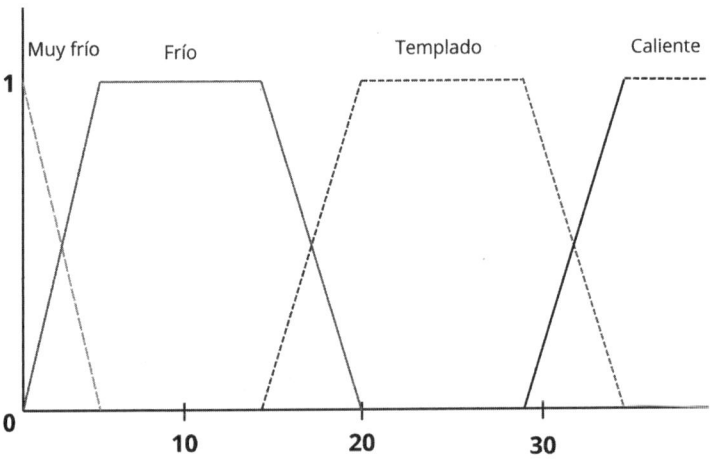

Ejemplo de gráfica de un sistema difuso.

74

En la figura, los conjuntos se solapan, por lo que podemos tener valores de temperatura que están dentro de varios conjuntos. Imaginemos que detectamos una temperatura de 15 °C: si vemos la figura, esta temperatura toca en una gran proporción el valor frío, pero además toca en una pequeña proporción el valor templado. ¿Qué hace un controlador difuso para obtener agua caliente? Supongamos que la temperatura toca un 75 % el valor frío y un 25 % el valor templado, y que nuestro sistema para pasar de frío a caliente debe dar una potencia media a la caldera para calentar el agua (supongamos 2) y para pasar de templado a caliente debe dar una potencia baja (supongamos 1), el resultado sería (2 x 0,75) + (1 x 0,25) = 1,75; por tanto, la potencia de salida que deberíamos dar a la caldera debería ser de 1,75 si nuestro sistema difuso devuelve un valor o potencia, aunque también podemos tener sistemas que devuelven un conjunto difuso de salida.

Los sistemas expertos tienen grandes ventajas como ser herramientas estables que, a diferencia de los seres humanos no tienen vacaciones, ni enferman, ni tienen días malos. Su alta velocidad de procesamiento, superior a la de los humanos, es otra ventaja importante; además de su reproducibilidad y de su capacidad de enseñar a las personas. Pero quizá su punto más fuerte sea que puede estar funcionando años con solo el coste inicial del desarrollo, sin tener que pagarle un sueldo. Sin embargo, no todo son alegrías, estas aplicaciones tienen limitaciones importantes como son el elevado coste inicial, sumado al esfuerzo de encontrar expertos y traducir su conocimiento a un formato entendible por el programa. Tampoco poseen sentido común, por lo que no saben qué es obvio y qué no. También debemos tener en cuenta sus limitaciones a la hora de tratar el lenguaje humano, el no poder resolver problemas generales y particulares a la hora de tratar situaciones ambiguas. Por estos motivos distan mucho de ser una solución perfecta.

Estos sistemas tuvieron su primera época dorada en los años 60, pues en aquella época se pensaba que con unas reglas de razonamiento combinadas con computadores potentes se podría alcanzar el nivel de razonamiento de un experto e incluso superarlo, llegando a lograr un rendimiento sobrehumano. Esto nos debería sonar porque es lo mismo que decimos actualmente de la IA. Desgraciadamente, los sistemas expertos no cumplieron aquellas expectativas, pero hemos visto que en los años 80 y 90 resurgieron (todas las modas vuelven). Un ejemplo son los sistemas como DENDRAL (Turban, 1995), un *software* que se usaba para inferir estructuras moleculares. También en medicina tuvimos ejemplos como MYCIN (Nebendahl, 1991) y CADUCEUS que realizaban diagnósticos médicos, MYCIN en enfermedades infecciosas de la sangre y CADUCEUS en medicina interna. Es muy curioso leer artículos científicos y libros de esta época porque, de nuevo, describen grandes expectativas para estos sistemas, además de una alta preocupación porque quitasen el trabajo a los seres humanos. Incluso encontramos artículos que tratan sobre la regulación de estos sistemas para evitar que afecten de manera negativa para la sociedad. ¿A que esto nos suena? Es la misma situación que estamos viviendo actualmente con ciertas ramas de la inteligencia artificial. Lamentablemente, en el pasado esto condujo a varias situaciones conocidas como inviernos de la inteligencia artificial, llevando al fin de la inversión e investigación en estas tecnologías. Si no queremos que venga un nuevo invierno que pare todos los avances que hemos conseguido hasta ahora, quizá debemos dejar de hacernos falsas expectativas y de difundirlas en medios.

Después de un parón en el desarrollo de los sistemas expertos en uno de los inviernos de la IA, actualmente se siguen usando. Si bien ahora lo hacen de manera discreta, sin que nadie los mencione en conferencias y medios generalistas y sin que nos den ningún miedo. Ejemplos de estos supervivientes son IBM Watson, con una de sus versiones (Watson for Oncology) funcionando bastante bien en la planificación de tratamientos oncológicos. Otro ejemplo son los sistemas de detección de fraudes en las tarjetas de crédito, muy presente en el día a día de muchas entidades bancarias. El sistema de diseño de ingeniería AUTOCAD, muy usado en todo el mundo, emplea asistentes basados en sistemas expertos para ayudar a ingenieros y arquitectos en sus diseños. En las fábricas también se emplean a menudo los sistemas expertos para optimizar los procesos de producción. Ejemplos comerciales son ABB Ability Operations Optimization o el *software* de fabricación digital Tecnomatix de Siemens.

VII. CUANDO LOS PROBLEMAS SE RESOLVÍAN RECORRIENDO CAMINOS

«Caminante no hay camino,
se hace el camino al andar».
ANTONIO MACHADO

Imaginemos que tenemos un problema de decisión muy complejo, con muchos elementos que debemos tener en cuenta. Programar un sistema experto como los que hemos definido en el capítulo anterior para resolverlo implicaría un gran esfuerzo en construir un conjunto de reglas y sus relaciones. Por este motivo tenemos otros métodos de toma de decisiones que consisten en recorrer árboles y grafos, dependiendo del problema al que nos enfrentemos.

Ya hemos hablado de grafos en capítulos anteriores: cuando tratamos las bases de datos orientadas a grafos y a la hora de explicar las redes bayesianas. Sin embargo, puede que el concepto no quede del todo claro, por lo que es mejor hacer una introducción explicando los conceptos de árboles y grafos para que sea más fácil comprender el uso de estos sistemas a la hora de tomar decisiones.

Imaginemos que tenemos un objetivo que deseamos obtener, podemos interpretar nuestro objetivo como un conjunto de estados dentro del mundo que abarca el problema que hacen posible alcanzar nuestra meta. Puede que haya muchas soluciones posibles o puede que solo haya una, pero en ambos casos nuestro sistema debe decidir la secuencia de acciones adecuada para lograr el objetivo. Para ayudar a conocer qué acciones son mejores que otras, con frecuencia se incluye una puntuación en los caminos que llevan a las acciones o en las propias acciones. Recapitulando, tenemos acciones y una secuencia de pasos a elegir, por tanto, tenemos un camino ¿Cómo se representa dicho camino? Esto depende del problema que vayamos a solucionar, pero tenemos dos formas de hacerlo. Vamos a explicarlas con unos ejemplos.

Imaginemos que trabajamos en el almacén logístico que alimenta una línea de montaje y sus puestos de preparaciones. Imaginemos, además, que tenemos un carrito con una serie de cajas de piezas que deben repartirse a diferentes puestos de producción dentro de una fábrica, de manera que nuestro carrito pase por todos los puestos de destino de la forma más rápida posible, para que cuando vuelva al almacén le podamos asignar otra ruta, ahorrando carritos de transporte y personas que los manejen. Para ello, indicaremos a nuestro sistema los puestos en los que dejaremos las piezas, que dibujaremos como nodos o bolitas, además de los caminos posibles entre dichos puestos, que dibujaremos como líneas que conectan dichos nodos o aristas. Si nuestra idea es trazar un camino que pase por todos los puestos, debemos ser inteligentes y asegurarnos de que el grafo de conexiones entre puestos nos permite obtener un CAMINO HAMILTONIANO: un camino capaz de visitar todos los vértices del grafo de una sola vez. Si hay caminos que son más largos que otros o que tienen más tráfico y pueden ser más lentos, añadiremos esta información a las aristas en forma de etiquetas. Con estos datos, nuestro sistema de control generaría un dibujo como el siguiente:

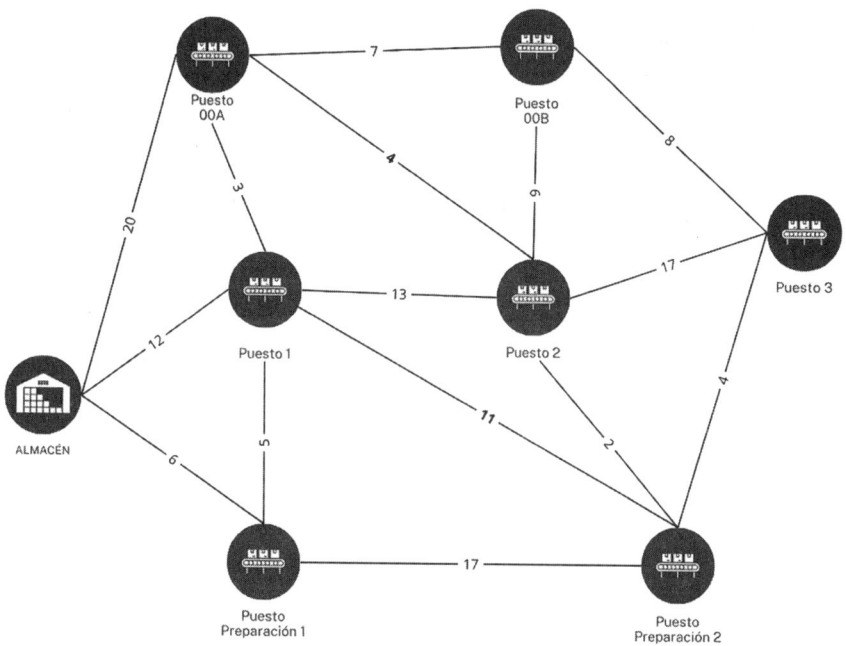

Ejemplo de grafo.

En el esquema podemos observar los nodos, que son los puestos de la fábrica y el almacén. También tenemos las aristas, que son los caminos entre los diferentes nodos. En las aristas tenemos unos números que indican el coste de cada camino, en nuestro caso hemos dado un valor al tiempo que se tarda en recorrerlo. El objetivo es que el carrito salga del almacén y vaya recorriendo todos los puestos, cambiando las cajas vacías por cajas llenas, para volver al almacén con las cajas vacías. Todo ello en el menor tiempo posible, esto será nuestra medida de rendimiento. Nuestro sistema devolverá una solución en forma de secuencia de pasos a seguir para alcanzar el objetivo. Al proceso de obtener esta secuencia lo llamamos BÚSQUEDA y a los algoritmos diseñados para devolver esta secuencia los llamamos ALGORITMOS DE BÚSQUEDA. Aquí debemos también hablar del estado inicial y del estado final, pues son importantes en este tipo de algoritmos. En nuestro ejemplo, el estado inicial es el almacén y el estado final es cuando hemos recorrido todos los puestos, debido a que salimos del almacén con las cajas llenas para llevar a los puestos y debemos retornar al almacén con las cajas vacías para volverlas a llenar (para simplificar supondremos que cuando vamos vacíos podemos salir a la calle desde cualquier puesto para ir al almacén). Otra función que tienen estos algoritmos es la comprobación de si al llegar a un estado hemos alcanzado nuestro objetivo o no, esta será nuestra condición de parada. Finalmente, no debemos olvidar la función de coste, que nos indicará el coste de cada posible camino y evaluará si hemos tomado el camino de menor coste posible. En nuestro ejemplo, el coste de cada camino es el tiempo que se tarda en recorrerlo, pero podría ser la distancia o cualquier otro valor que cuantifique nuestro objetivo.

Vamos a ver cómo funciona el algoritmo de búsqueda ante el problema de reparto de piezas en una fábrica. Comenzamos tomando como nodo de búsqueda el estado inicial En(Almacén), comprobamos si es un estado objetivo. Obviamente, vemos que no lo es, por ese motivo tenemos que expandir el estado actual aplicando la función que muestra los estados colindantes. Obtendremos tres nuevos estados: En(Preparación 1), En(Puesto 1) y En(Puesto ooA). Toca escoger qué estado debemos tomar, y para ello consideramos la función de coste. Con el fin de tener toda la trazabilidad del camino elegido, los algoritmos de búsqueda guardan los nodos visitados como una estructura con los siguientes elementos:

—ESTADO: el estado del espacio de estados posibles que se corresponde con el nodo.
—NODO PADRE: el nodo del que hemos partido para llegar a este nodo.
—ACCIÓN: la acción que se aplicó al padre para llegar a este nodo.
—COSTE DEL CAMINO: el coste del camino desde el estado inicial al nodo.
—PROFUNDIDAD: el número de pasos que hemos dado, desde el estado inicial, hasta llegar a este nodo.

Con esto tenemos toda la información necesaria para comparar varios nodos posibles y saber si hemos elegido el camino bueno o si debemos dar marcha atrás para buscar otro.

A la hora de expandir los nodos hijos del nodo en el que estamos y movernos por el grafo vamos a generar la segunda forma de tomar decisiones que hemos presentado al inicio de este capítulo: los árboles. Un árbol no es más que un grafo en el cual no existen bucles, sino que cada nodo se expande en nodos hijos, sus hijos se expanden en otros nodos hijos..., así hasta que no queden más nodos que expandir o hasta alcanzar una profundidad límite que decidamos. Vamos a verlo con un esquema de cómo se iría generando el árbol paso a paso. En la siguiente imagen se muestran solo los primeros pasos de la creación del árbol, apareciendo sombreados los nombres de aquellos nodos que hemos expandido:

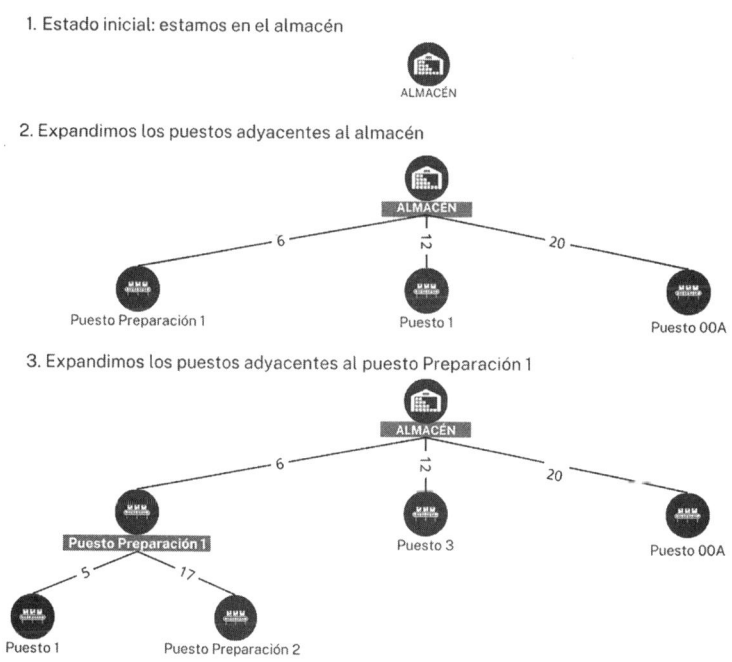

1. Estado inicial: estamos en el almacén

ALMACÉN

2. Expandimos los puestos adyacentes al almacén

ALMACÉN
6   12   20
Puesto Preparación 1   Puesto 1   Puesto 00A

3. Expandimos los puestos adyacentes al puesto Preparación 1

ALMACÉN
6   12   20
Puesto Preparación 1   Puesto 3   Puesto 00A
5   17
Puesto 1   Puesto Preparación 2

A la hora de expandir los nodos hijos podemos seguir diferentes estrategias. En nuestro ejemplo expandimos los nodos cuyo camino tiene menor coste, pero en el caso de tener un grafo sin etiquetas de costes, ¿una vez expandimos un nodo continuamos expandiendo sus nodos hijos o seguimos expandiendo los nodos de su mismo nivel? Esas dos opciones que se nos plantean tienen nombre y unas características que las hacen diferentes:

— BÚSQUEDA EN PROFUNDIDAD: esta estrategia consiste en expandir un nodo, después expandir su nodo hijo con mejor puntuación (si no tenemos puntuación debemos decidir el lado por el que comenzaremos a expandir los nodos hijos), continuar con el mejor nodo del nodo hijo..., así hasta no poder expandir más o hasta una profundidad límite que indiquemos. Cuando alcanzamos ese límite en el que ya no podemos expandir, retrocedemos hasta llegar a un nodo visitado con hijos sin explorar, explorando sus hijos y expandiéndolos. Este modo de recorrer el árbol consume muy poca memoria debido a que solo guardamos el camino desde la raíz a un nodo hijo, además de aquellos nodos hermanos de cada nodo del camino que quedan sin expandir. Una vez tenemos un nodo cuyos descendientes se han explorado en su totalidad, lo quitamos de la memoria. Pero también existen inconvenientes, pues si escogemos mal un nodo podemos encontrarnos con un camino muy largo, incluso infinito. Esto hará que, si la solución final es uno de los nodos cercanos a la raíz alejado en anchura del nodo escogido, tardemos mucho en llegar a la solución o no seamos capaces de alcanzarla nunca.

— BÚSQUEDA EN ANCHURA: esta estrategia consiste en expandir el nodo raíz, seguidamente lo hacen todos sus nodos hijos, después cada uno de estos nodos hijos expande los hijos del siguiente nivel y así sucesivamente. En resumen, se va explorando cada nivel completo del árbol, a diferencia de la búsqueda en profundidad en la que se explora rama a rama. En esta técnica el primer nodo explorado de cada nivel será el primer nodo expandido. Como ventaja tiene que, si el nodo objetivo más superficial está en una profundidad finita, esta forma de búsqueda lo encontrará en un número de pasos finitos, tras expandir todos los nodos más superficiales. Como contrapartida, puede suceder que encuentre un nodo objetivo que nos proporcione una solución que no sea la mejor. Otra desventaja es que su consumo de memoria es elevado, debido a que debemos almacenar todos los nodos en memoria. En el caso de árboles muy grandes y profundos, el coste en tiempo también se hace muy elevado. Este tipo de búsqueda es muy interesante cuando tenemos un árbol en el que los costes de cada nodo son iguales.

— BÚSQUEDA BIDIRECCIONAL: imaginemos que tenemos un laberinto con una entrada y una salida y queremos conocer cómo atravesarlo. Podríamos recorrerlo explorando cada posible camino haciendo uso de los métodos anteriores, pero podemos ser más listos y pedir a otra persona que nos ayude para tardar menos. Para ello nosotros entraríamos por la entrada y nuestro ayudante por la salida, iríamos recorriendo el laberinto hasta llegar ambos al centro, donde compartiríamos la ruta que hemos encontrado cada uno. De este modo podríamos trazar el camino completo de una forma más eficiente. Así es como funciona la búsqueda bidireccional: generando dos árboles. Cada vez que visitamos un nodo en uno de los árboles, comprobamos si dicho nodo está en la frontera del otro árbol, pues en ese caso habremos alcanzado la solución. Comparada con una búsqueda en anchura normal, esta estrategia es capaz de alcanzar una solución expandiendo muchos menos nodos, ahorrando tiempo. El problema que tiene es que debemos almacenar al menos uno de los árboles en memoria, lo cual hace que su consumo de espacio en memoria sea mayor.

Pero nuestro grafo del ejemplo tiene una función de coste, por lo que sería una tontería ir recorriendo todos los nodos cuando tenemos una información más que nos dice si un nodo es mejor que otro. Para ello emplearemos una serie de estrategias diferentes que conocemos como BÚSQUEDA INFORMADA, si bien es interesante conocer las definiciones de búsqueda en profundidad, en anchura y bidireccional antes de abarcar las estrategias de búsqueda informada. Vamos a explicar un poco mejor algunas de estas estrategias y a ver cómo funcionarían con el ejemplo de las rutas:

— BÚSQUEDA VORAZ: este tipo de búsqueda, aplicable tanto en árboles como directamente en grafos, se basa en que al expandir un nodo selecciona el siguiente nodo a visitar dependiendo de su función de evaluación. En nuestro modelo, la función de evaluación f(x) es el coste del camino, por lo que elegiremos el nodo con menor valor de f(x). Una vez elegido el nodo que nos interesa, iremos visitando los nodos con menor valor en su función de coste hasta llegar a recorrer todos los nodos. Un ejemplo de este tipo de algoritmos es el conocido como el Algoritmo de Dijkstra: va explorando los nodos de un grafo para encontrar el camino más corto entre el nodo origen y todos los nodos del grafo. Según va recorriendo los nodos, los va etiquetando con el valor de la distancia más corta que ha encontrado desde el nodo de origen hasta dicho nodo, a cada iteración va actualizando las etiquetas. Una vez que el algoritmo ha encontrado el camino más corto entre el nodo origen y otro nodo x, almacena dicho nodo en una lista de nodos visitados, y este proceso continúa hasta tener todos los nodos en la lista de visitados, que será el camino más corto que conecta el nodo origen con el resto de nodos. Para entenderlo mejor vamos a aplicar este algoritmo al ejemplo de los puestos de la fábrica:

Comenzamos creando una tabla de distancias desde el almacén a los puestos, esta tabla la vamos a inicializar con valor 0 para el almacén y valores infinitos para el resto de puestos, de este modo la primera vez que visitemos los nodos les daremos el valor del camino hasta ellos al ser un valor menor que infinito. La tabla queda del siguiente modo:

Almacén	0
Puesto 00A	∞
Puesto 00B	∞
Puesto 1	∞
Puesto 2	∞
Puesto 3	∞
Preparación 1	∞
Preparación 2	∞

También tendremos una lista con los nodos por visitar, que comenzará teniendo todos los nodos del grafo, junto a una lista llamada nodos visitados que contendrá nuestro camino. La lista de nodos visitados estará vacía al inicio del algoritmo.

Comenzamos visitando el almacén, que es nuestro origen, este nodo lo añadiremos a la lista de nodos visitados y lo sacamos de la lista de nodos por visitar (en la tabla de distancias lo tachamos para señalar de forma visual que lo hemos visitado). Comprobamos la distancia a sus puestos adyacentes (Pto. 00A, Pto. 1 y Preparación 1). Estas distancias, sumadas a la etiqueta del nodo raíz, serán los valores que les pongamos a estos puestos en la tabla de distancias. La tabla de distancias quedaría así:

Almacén	0
Puesto 00A	20
Puesto 00B	∞
Puesto 1	12
Puesto 2	∞
Puesto 3	∞
Preparación 1	6
Preparación 2	∞

Ahora seleccionamos el puesto más cercano al almacén (Preparación 1), lo añadimos a la lista de puestos visitados y lo sacamos de la lista de puestos pendientes de visitar. Nos queda un camino de distancia = 6 y la lista de puestos (nodos) visitados [Almacén, Preparacion1]. Veamos el mapa, hemos puesto más claros los nodos visitados y marcado de manera más gruesa el camino seguido:

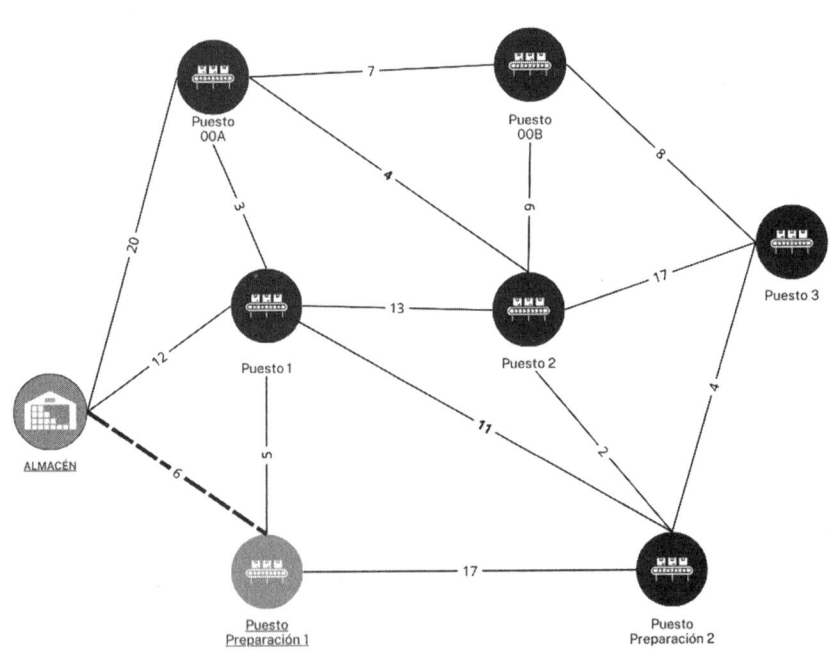

Exploramos los puestos que son alcanzables desde el puesto Preparación 1 y actualizamos la tabla de distancias:

~~Almacén~~	0
Puesto 00A	20
Puesto 00B	∞
Puesto 1	~~12~~ 11
Puesto 2	∞
Puesto 3	∞
~~Preparación 1~~	6
Preparación 2	23

El puesto 1 cambia su valor debido a que el coste es menor si lo alcanzamos desde el puesto de Preparación 1. Al tener el menor coste de la tabla lo metemos en nuestro listado de puestos visitados, quedando el camino [Almacén, Preparacion1, Puesto 1], con un coste total de 11. El mapa queda de la siguiente manera:

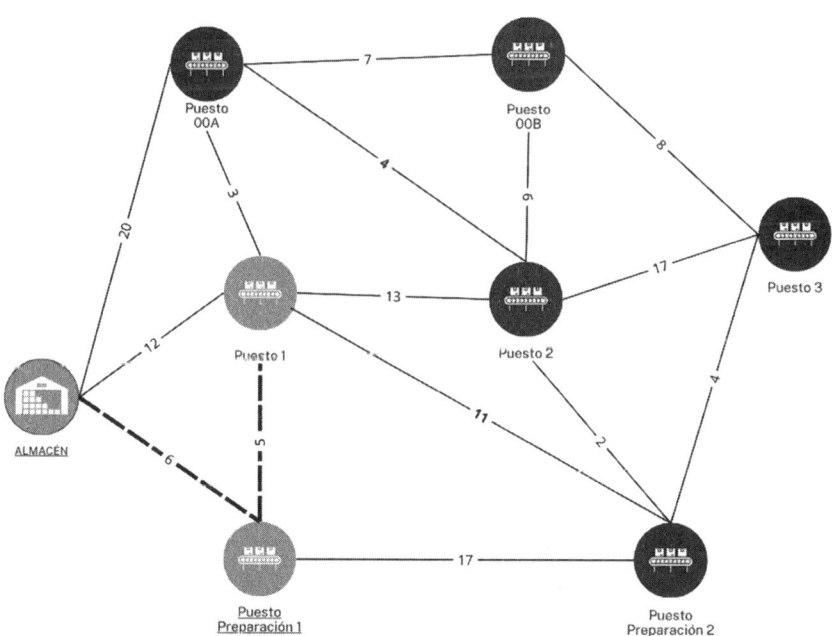

89

Prosigamos el proceso explorando los puestos alcanzables desde el Puesto 1 y actualicemos la tabla de costes:

~~Almacén~~	0
Puesto 00A	~~20~~ 14
Puesto 00B	∞
~~Puesto 1~~	11
Puesto 2	24
Puesto 3	∞
~~Preparación 1~~	6
Preparación 2	~~23~~ 22

Vemos que el siguiente puesto a visitar debe ser el Puesto 00A, lo añadimos a la lista de puestos visitados [Almacén, Preparación1, Puesto 1, Puesto 00A] y lo quitamos de la lista de puestos pendientes. El coste total del camino es de 14. Veamos el mapa:

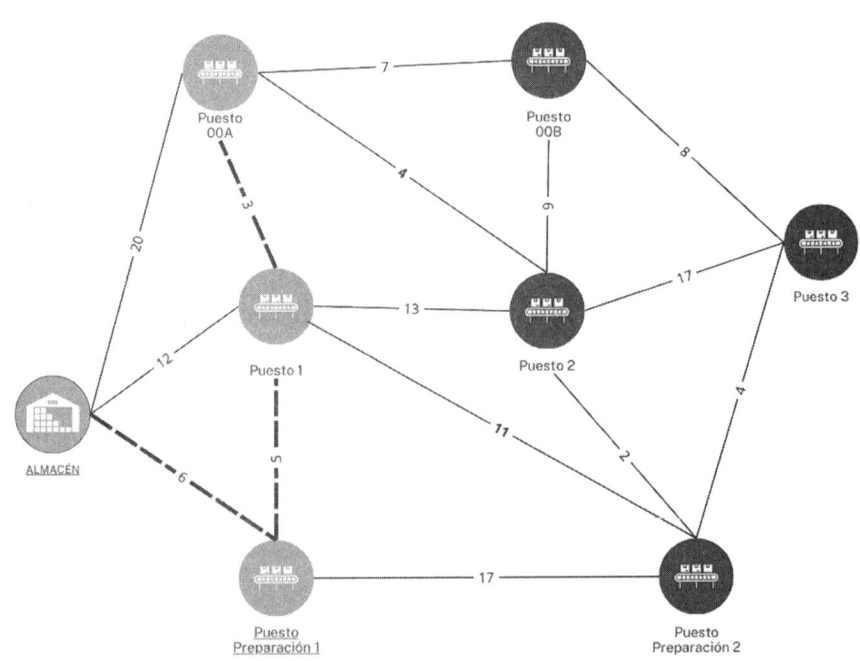

90

Exploramos los puestos alcanzables desde el Puesto 00A y actualizamos la tabla de costes:

~~Almacén~~	0
~~Puesto 00A~~	14
Puesto 00B	21
~~Puesto 1~~	11
Puesto 2	~~24~~ 18
Puesto 3	∞
~~Preparación 1~~	6
Preparación 2	22

El siguiente puesto a visitar es el Puesto 2 con un coste de 18, lo añadimos a la lista de puestos visitados, que queda [Almacén, Preparacion1, Puesto 1, Puesto 00A, Puesto 2] y lo sacamos de la lista de puestos por visitar. El camino queda con un coste de 18. El mapa queda así:

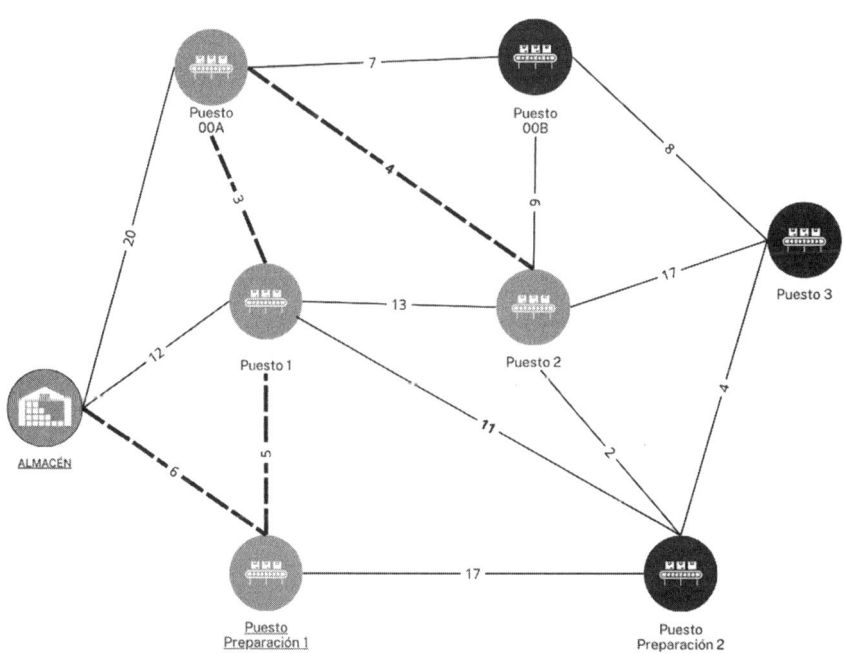

Exploramos los puestos alcanzables desde el Puesto 2 y actualizamos la tabla de costes:

~~Almacén~~	0
~~Puesto 00A~~	14
Puesto 00B	21
~~Puesto 1~~	11
~~Puesto 2~~	18
Puesto 3	35
~~Preparación 1~~	6
Preparación 2	~~22~~ 20

Al ver la tabla tenemos claro que el siguiente puesto que debemos visitar es la Preparación 2. Actualizamos la tabla de puestos visitados, quedando [Almacén, Preparacion1, Puesto 1, Puesto 00A, Puesto 2, Preparación 2] con un camino de coste 20. El mapa se vería así:

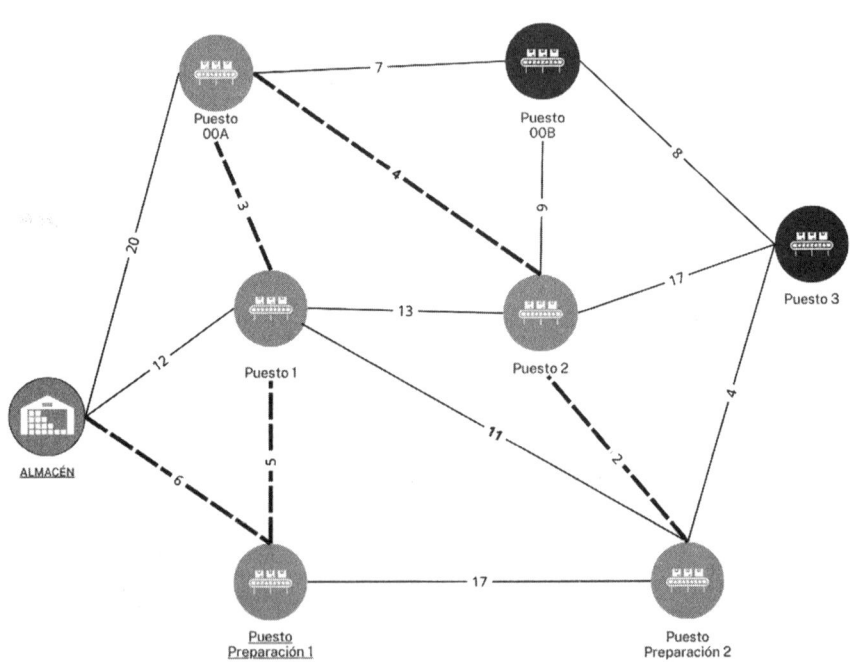

Exploremos los puestos alcanzables desde la Preparación 2 y actualicemos la tabla de costes:

~~Almacén~~	0
~~Puesto 00A~~	14
Puesto 00B	21
~~Puesto 1~~	11
~~Puesto 2~~	18
Puesto 3	~~35~~ 24
~~Preparación 1~~	6
Preparación 2	20

Pero vemos algo raro: el Puesto 00B ya no es alcanzable, aunque tiene menor coste ¿Qué hacemos? Tranquilidad, en este caso guardamos este camino como camino candidato con su coste y volvemos para atrás a cuando el Puesto 00B era visitable con coste 21.

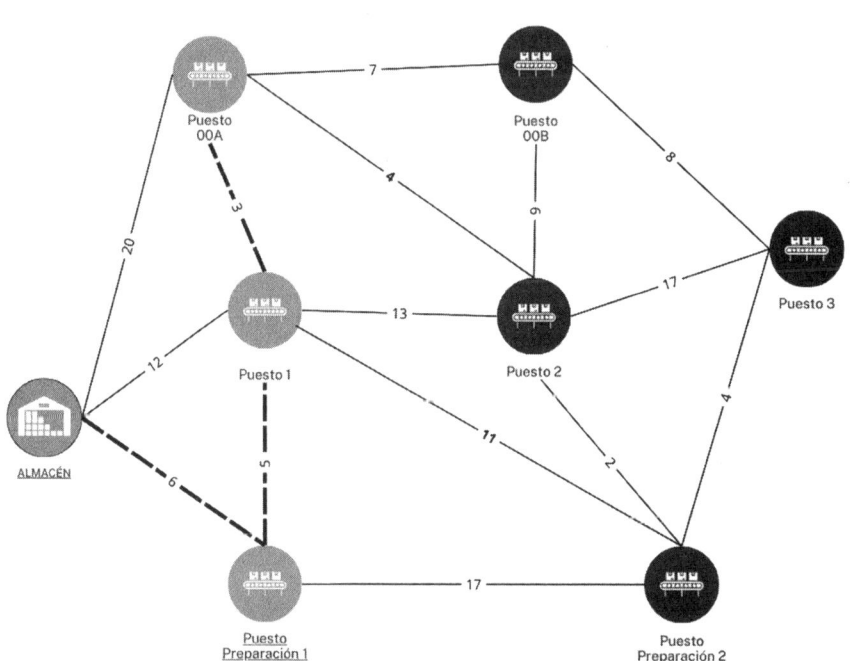

93

Agregamos el Puesto 00B a la lista de puestos visitados, quedando [Almacén, Preparacion1, Puesto 1, Puesto 00A, Puesto 00B], con un coste total de 21, quitamos el Puesto 00B de la lista de visitados y actualizamos la tabla de costes con sus puestos adyacentes:

~~Almacén~~	0
~~Puesto 00A~~	14
~~Puesto 00B~~	21
~~Puesto 1~~	11
Puesto 2	18
Puesto 3	29
~~Preparación 1~~	6
Preparación 2	22

El Puesto 2 sería la opción si hubiéramos seguido el camino anterior. Sin embargo, al acceder desde el Puesto 00B, el coste es de 29, igual que el del Puesto 3, pero con menos nodos visitados y un coste mayor que la ruta por el Puesto de Preparación 2. Por ello, descartamos esta opción y volvemos al camino anterior.

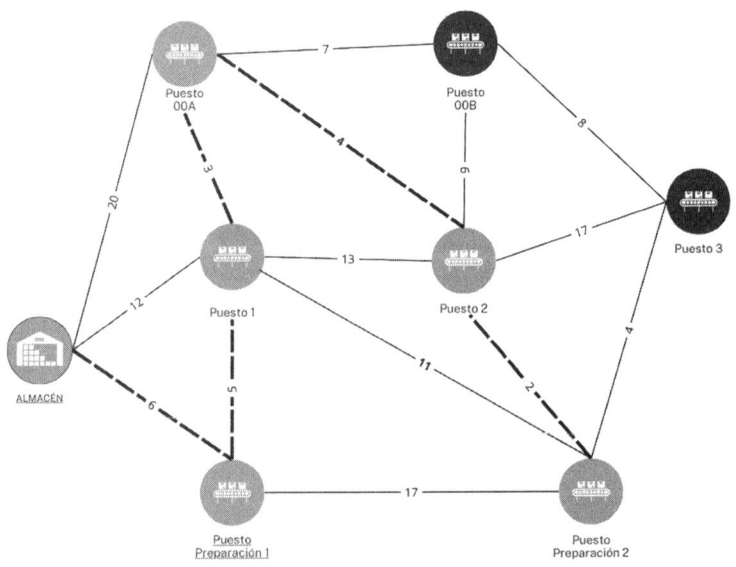

94

Recordemos cómo quedaba la tabla de costes en esta ruta:

Almacén	0
Puesto 00A	14
Puesto 00B	21
Puesto 1	11
Puesto 2	18
Puesto 3	24
Preparación 1	6
Preparación 2	20

La única opción que nos queda es visitar el Puesto 3, cosa que hacemos, dejando el camino con un coste de 24 y la siguiente composición: [Almacén, Preparacion1, Puesto 1, Puesto 00A, Puesto 2, Preparación 2, Puesto 3]. El mapa queda así:

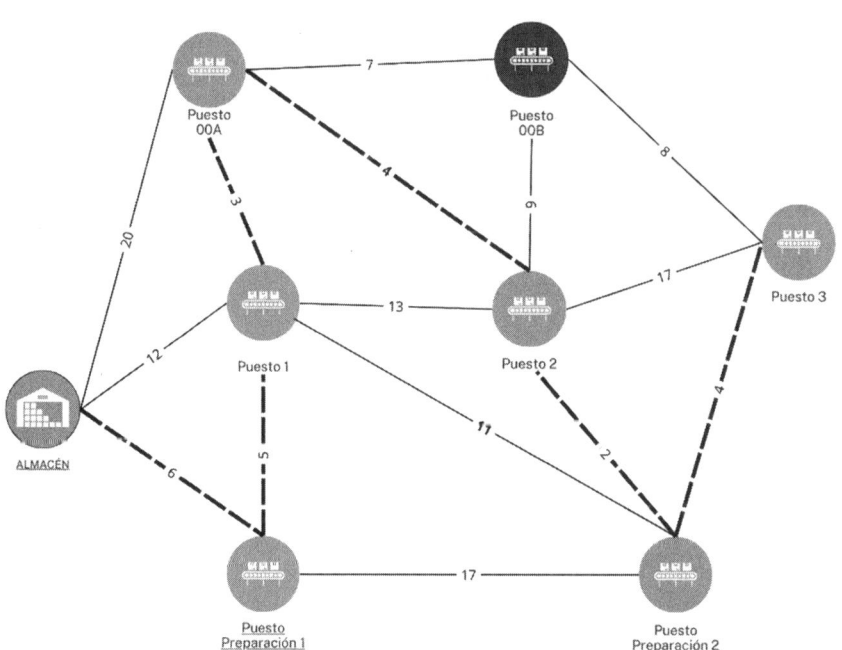

95

Sacamos el Puesto 3 de la lista de puestos pendientes de visitar y ya solo nos queda actualizar el coste del Puesto 00B en la tabla de costes:

Almacén	0
Puesto 00A	14
Puesto 00B	32
Puesto 1	11
Puesto 2	18
Puesto 3	24
Preparación 1	6
Preparación 2	20

Añadimos el Puesto 00B a la lista de puestos visitados y lo sacamos de la lista de puestos que quedan pendientes por visitar. Esta lista queda vacía, por lo que la lista de puestos visitados se corresponde con el camino definitivo, de coste 32: [Almacén, Preparacion1, Puesto 1, Puesto 00A, Puesto 2, Preparación 2, Puesto 3, Puesto 00B]. El trazado de la ruta más corta que sale del almacén y pasa por todos los puestos es el siguiente:

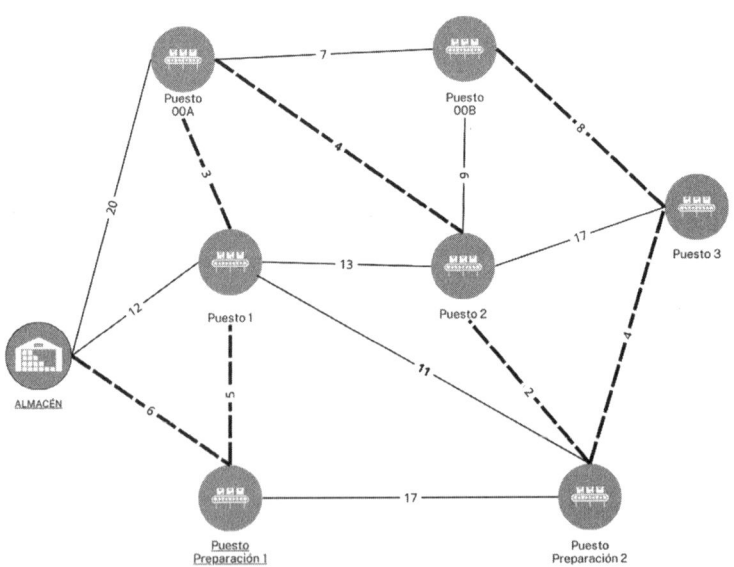

Vemos que el algoritmo de Dijkstra es muy sencillo de implementar, pero si analizamos lo que acabamos de hacer nos damos cuenta de que hemos ido nodo a nodo haciendo cálculos. Esto nos demuestra que es un algoritmo bastante complejo y costoso en su operación, por lo que con grafos muy grandes nos costaría mucho alcanzar la solución. El algoritmo de Dijkstra garantiza que el camino encontrado es el óptimo, pero no todos los algoritmos voraces lo hacen. Algunos pueden darnos un camino bueno existiendo caminos aún mejores. Además, al estar basada en búsqueda en profundidad en árboles, puede no llegar nunca a una solución en el caso de que el árbol generado sea muy profundo. Aun así, los algoritmos voraces tienen numerosas utilidades en la actualidad: se usan mucho en planificación de tareas, en compresión de datos, para resolver problemas de optimización no solo de rutas, sino también en redes de información y diseño de procesadores.

— ALGORITMO A*: este algoritmo es de los más eficaces y usados en problemas de búsqueda informada, ya que evita el problema de quedarnos en una solución parcial o no encontrar jamás la mejor solución. ¿Cómo lo consigue? De una forma muy inteligente: a la función de coste le suma una función adicional con el mínimo coste estimado desde el nodo actual hasta el nodo objetivo. Por tanto, la función con la que evaluamos cada nodo queda de la siguiente forma: $f(x) = g(x) + h(x)$, donde $g(x)$ es el coste para llegar al nodo actual y $h(x)$ es el coste estimado del camino más corto desde el nodo actual al destino. A esta función adicional $h(x)$ que nos proporciona más información para escoger el mejor nodo la denominamos FUNCIÓN HEURÍSTICA. Haciendo memoria, podemos recordar aquellos anuncios de antivirus de la primera década de este siglo en los que presumían de usar una función heurística para reconocer mejor los virus. En efecto, estos antivirus empleaban recorrido de árboles con este tipo de algoritmos para detectar archivos maliciosos en nuestros ordenadores. Un punto importante del Algoritmo A* es que siempre encuentra el camino más corto entre dos puntos. Por tanto, no podríamos usarlo para buscar la ruta más rápida que recorra todos los nodos de un grafo, como hemos hecho antes. Que este algoritmo sea óptimo depende de nuestra pericia a la hora de escoger la función heurística, pues una mala función heurística puede impedir que encontremos el camino más corto. Para que h(x) sea considerada admisible, nunca debe sobreestimar el coste de alcanzar el objetivo, debe ser una función optimista y darnos un valor menor que el coste real de alcanzar el objetivo. En el ejemplo de la fábrica, si tomamos un puesto como destino desde el almacén, una función heurística válida podría ser la distancia en línea recta de cada puesto al puesto objetivo. Esto en el recorrido de árboles funciona muy bien, pero en grafos puede darnos problemas con estados repetidos, esto es, tener como opción varias veces el mismo punto del mapa. Aquí podemos arreglárnoslas bien de dos maneras.

— Descartar el camino más caro de los dos que visitan un mismo punto.

— Asegurar que el camino óptimo a cualquier punto es el primero que hemos realizado. Para esto, la función heurística debe ser consistente, es decir, que para cada uno de los nodos se cumpla que el coste estimado de alcanzar el objetivo desde ese nodo es siempre mayor que el coste estimado desde los nodos que parten de dicho nodo hacia el objetivo.

Hemos visto que la ventaja de este algoritmo es que siempre encuentra el camino más corto de una forma eficiente, pero tiene un problema serio con árboles y grafos muy grandes porque su coste en memoria aumenta considerablemente debido a que guarda todos los nodos que va generando. Este inconveniente se puede solucionar usando una variante conocida como BÚSQUEDA HEURÍSTICA CON MEMORIA ACOTADA. Esta variante expande los mejores nodos hasta que la memoria se llena, en ese momento se elimina de la memoria el peor nodo y se expande el nodo con la mejor puntuación.

A* se ha usado para resolver problemas muy diversos, como cubos de Rubik, planificación de trayectorias en robots móviles, búsqueda de caminos óptimos.

Hemos descrito dos formas de recorrer árboles y grafos para resolver problemas. Quizá pueda parecernos algo simple como para incluir este tipo de algoritmos dentro del conjunto de lo que llamamos inteligencia artificial. Pero nada más lejos de la realidad, pues el recorrido de árboles se ha usado y se usa para resolver problemas tan complejos como jugar al ajedrez, al tres en raya y a una gran variedad de juegos de mesa en los que se juega por turnos contra un oponente. Si lo pensamos bien, cuando jugamos contra un oponente a un juego de mesa, visualizamos los posibles movimientos que podemos realizar y escogemos el mejor. Por esta razón, parece sensato diseñar las máquinas que juegan contra nosotros de este modo: representando internamente el juego como un árbol, partiendo del nodo con la posición actual de las piezas en el tablero y desplegando los posibles movimientos como sus nodos hijos, cada uno con un valor que indica la bondad de cada movimiento. Pero al jugar contra un adversario, humano o máquina, en el árbol alternaremos los niveles con los movimientos de nuestra máquina con aquellos correspondientes con los movimientos del adversario. Esto puede parecernos confuso, pero la estrategia a seguir para ganar es bastante sencilla: debemos escoger los nodos de nuestro nivel con mayor valor y los del nivel del oponente con menor valor, pues así nuestras jugadas serán mejores y podremos vencer. Vamos a verlo con un árbol y a explicarlo en detalle:

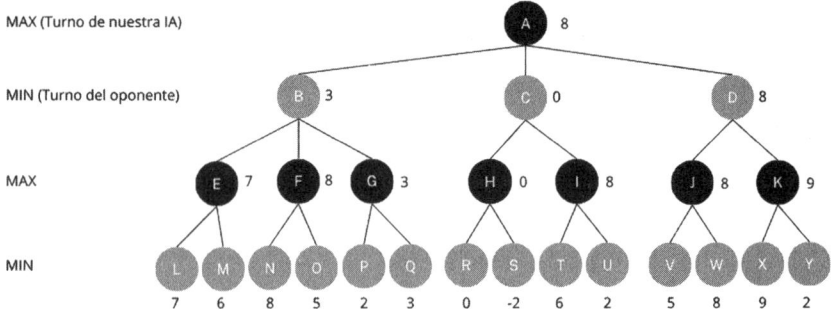

MAX (Turno de nuestra IA)

MIN (Turno del oponente)

MAX

MIN

Imaginemos que estamos en el nodo A, en el que hemos movido, desplegamos todos sus nodos hijos con posibles movimientos del oponente. Después de estos nodos hijos desplegaremos sus propios nodos hijos con nuestro contraataque..., así hasta llegar a los nodos que acabarán el juego o hasta llegar a cierto nivel si hemos puesto un límite de cálculo de jugadas. Ahora damos un valor a los nodos terminales con una función de utilidad (puede ser las fichas comidas, avance en el tablero, etc.). Después recorremos el árbol de abajo hacia arriba, dando a los nodos superiores el valor mayor de los nodos inferiores si estamos en la hilera de nuestro turno o el menor si es el nivel de nuestro oponente; e iremos subiendo hasta llegar al nivel de la jugada en la que nos encontramos, realizando el movimiento de mayor valor. A este algoritmo se le conoce como MINIMAX.

El algoritmo Minimax tiene como desventaja el hecho de que debemos recorrer el árbol completo antes de tomar una decisión, resultando muy costoso en tiempo. Para hacer que este algoritmo sea más rápido y evitar que nuestro sistema tarde una eternidad en hacer un movimiento podemos hacer dos cosas:

— Establecer una profundidad límite de recorrido del árbol.
— Ignorar aquellas ramas cuyo valor no nos interese para acortar la anchura del árbol. A esto se le llama «poda».

En el caso de que optemos por podar ramas ya visitadas o ramas que puedan no ser interesantes, ¿cómo sabemos que no estamos podando una rama que *a priori* parece mala, pero que nos podría llevar a la victoria? En su lugar podemos elegir una rama que parece muy prometedora, pero que desemboca en menos probabilidades de éxito. Aquí pasa un poco como con la heurística en el caso del algoritmo A*, debemos ser muy cuidadosos a la hora de escoger los criterios de poda. También existe la introducción de un valor aleatorio que determine si escogemos o podamos una rama. Esto, que puede parecer alocado, tiene la particularidad de provocar que nuestro algoritmo explore movimientos que no parezcan tan buenos, lo que puede llevar a un camino a la victoria que no sea obvio o a confundir al oponente. De hecho, lo hemos visto en partidas de humanos contra máquinas en las que la máquina ha hecho un movimiento extraño, inesperado, que ha descolocado tanto al oponente como a los espectadores y ha creado la sensación de que la máquina tenía una inteligencia mayor, como si quisiera confundir al oponente. Nada más lejos de la realidad, simplemente ese factor aleatorio le hizo desplegar un nodo con una jugada que parecía mala y ver que varias jugadas después había una alta probabilidad de victoria.

VIII. RESOLVIENDO PROBLEMAS CON EL GENOMA

> «Puede que cantidades considerables de cambios genéticos
> no estén sujetos a la selección natural y puede que se
> esparzan aleatoriamente por las poblaciones».
>
> STEPHEN JAY GOULD

En el capítulo 1 se mencionaron las redes neuronales y su parecido con las neuronas del cerebro humano. Pero esta no es la única imitación de la biología que encontramos en el ámbito de la inteligencia artificial, también existen algoritmos que imitan la genética y sus mutaciones: los llamados ALGORITMOS GENÉTICOS.

Las primeras descripciones sobre el uso de procesos similares a la evolución para la resolución de problemas las tenemos en los artículos de Friedberg publicados en 1958 y en 1959 (Friedberg R. M., 1958; Friedberg R. M., 1959). En estos trabajos, el autor indica que las máquinas serían mucho más útiles si pudiesen aprender a realizar tareas para las cuales no se les han dado instrucciones precisas, proponiendo un programa de ordenador que mejore gradualmente mediante un proceso de aprendizaje. Este proceso de aprendizaje probaría varios programas candidatos y escogería aquellas instrucciones que se asocian con una mayor cantidad de resultados satisfactorios para construir con ellas un programa capaz de resolver el problema propuesto. Este proceso se empleó para crear un depurador de código automático, algo que hoy en día es de uso común en programación, pero que en los años 50 no tenían.

Años después de los trabajos de Friedberg, en 1962, Hans Bremermann (Bremermann, 1962) expuso que hay una tasa límite para procesar datos, tanto a nivel biológico como mediante máquinas. Como solución para el problema que suponía esta tasa límite propuso un método de optimización de procesos que funcionaba como funciona la genética en biología: estando en un nodo de un árbol generamos los nodos hijos con las posibles soluciones, pero al crear cada nodo, este tiene una probabilidad p de sufrir un cambio, esto es, una mutación. De entre esos nodos hijos podemos escoger el mejor y desplegarlo (reproducción asexual) o tomar los dos mejores nodos hijos y mezclarlos, expandiendo los nodos hijos del nodo obtenido de la mezcla de ambos nodos (reproducción sexual). Estas son las bases de lo que hoy en día conocemos como algoritmos genéticos, pero este trabajo no tuvo una gran relevancia en la época.

Poco después, en 1975, John Holland publicó el libro *Adaptación en Sistemas Naturales y Artificiales* (Holland, 1975). En este libro, basado en las publicaciones y artículos científicos del propio Holland y sus compañeros de la Universidad de Michigan, se presentó por primera vez el concepto de sistemas digitales adaptativos empleando las operaciones de selección, mutación y cruzamiento, mediante una aproximación a la evolución biológica para la resolución de problemas. El libro postula, además, una base teórica firme para los algoritmos genéticos.

Desde principios de los años 80, los algoritmos genéticos se han empleado para resolver multitud de problemas, desde coloración de grafos, optimizaciones en cadenas de montaje, reconocimiento de patrones, diseño de sistemas de distribución de aguas, distribución de energía eléctrica... y así una gran variedad que incluye hasta el diseño de redes neuronales.

Ahora que ya conocemos quienes crearon este tipo de algoritmos y sus usos, toca conocer cómo funciona un algoritmo genético, esto es, cómo son sus tripas. Los algoritmos genéticos reciben como entrada posibles soluciones a un determinado problema y las evalúan mediante una función de idoneidad, también conocida como función *fitness*, para poder comparar las soluciones y determinar cuáles son mejores. Como hablamos de poder mutar las soluciones y recombinarlas, esto nos obliga a codificar las soluciones de manera que se pueda modificar fácilmente alguno de sus valores o mezclar los valores de dos soluciones. Para ello podemos usar vectores binarios, vectores numéricos, cadenas de letras, permutaciones de elementos e incluso árboles.

Imaginemos que deseamos resolver el problema de las 8 reinas con un algoritmo genético. Este juego consiste en colocar 8 reinas en el tablero de ajedrez, de manera que ninguna de las reinas amenace a las otras. Como curiosidad, podemos indicar que Dijkstra empleó este problema para probar las bondades de la búsqueda voraz explicada en el capítulo anterior. Para descifrar este enigma representaremos cada uno de los estados (o soluciones posibles) indicando las posiciones de las reinas en el tablero. Esto puede hacerse de varias maneras: un ejemplo sería con una matriz 8x8 ocupando 64 bits, otro sería una cadena de 8 dígitos, cada uno de los cuales toma un valor de 1 a 8 con la posición donde está la reina en dicha columna, ocupando solo 8 bits. Este último es el que vamos a usar porque es óptimo en cuanto al uso de recursos. Como función de idoneidad o *fitness* emplearemos la cantidad de pares de reinas no amenazadas, que en la solución sería 8 reinas multiplicadas por las 7 reinas restantes a las que no amenazan. Esto nos da 56 reinas no amenazadas y $56/2 = 28$ pares de reinas que no se amenazan entre sí. Por tanto, la función de *fitness* de nuestra solución debe dar 28.

Ya tenemos el valor de la solución y cómo vamos a representar los datos, ahora toca comenzar con el algoritmo. Como todos los algoritmos genéticos, comenzamos generando 4 soluciones aleatorias. Vamos a ponerlas en su forma visual y con su representación numérica para facilitar su comprensión:

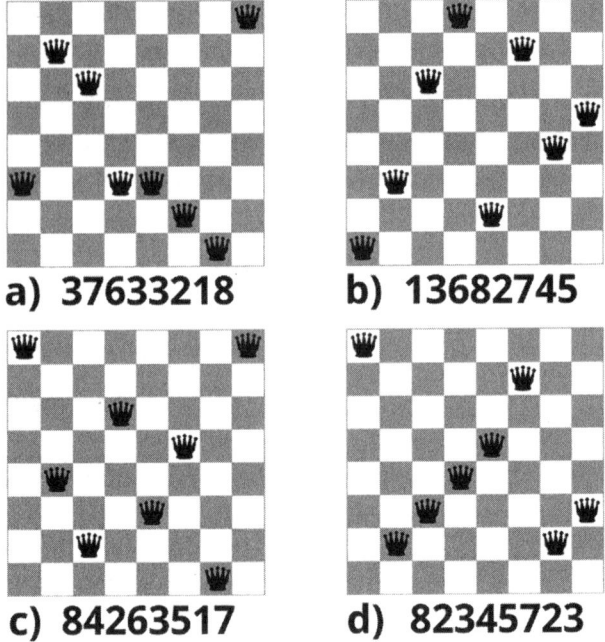

a) 37633218 **b) 13682745**

c) 84263517 **d) 82345723**

Ahora vamos a calcular los resultados de la función de idoneidad de cada una de estas soluciones o estados, que quedarían de la siguiente forma:

$$21 / 22 / 24 / 18$$

Supongamos que la probabilidad de que un estado sea escogido para reproducirse es directamente proporcional al resultado de la función de idoneidad, esto es, a un resultado más alto en la función de idoneidad más probabilidades de que ese estado sea escogido. Calculemos los porcentajes para los diferentes estados:

$$27\% / 28\% / 31\% / 23\%$$

Teniendo en cuenta estos porcentajes, tomaremos dos parejas de manera aleatoria para la FASE DE REPRODUCCIÓN. Nos han salido las parejas c-b y c-a. Para cada apareamiento escogemos de forma aleatoria los puntos a partir de los cuales cortamos las cadenas, a esto lo llamamos PUNTO DE CRUCE. Obtenemos 4 estados hijos fruto de esos cruzamientos y con una probabilidad *p* les aplicamos una mutación, resultando cuatro nuevos estados:

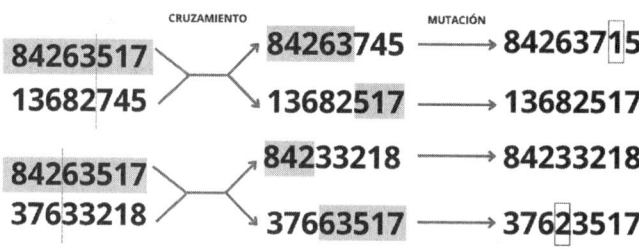

Veamos los nuevos estados resultantes con la puntuación de su función de idoneidad:

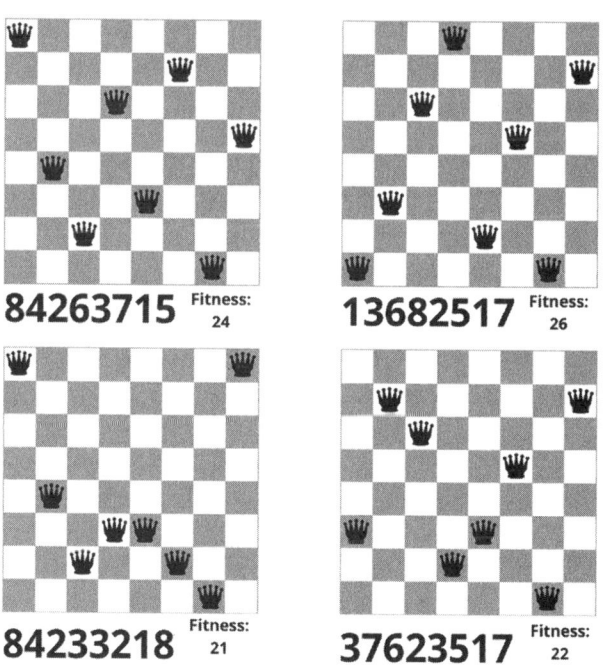

Podemos observar que ha habido mejoras en algunos casos y en otros la mutación ha empeorado. En los primeros pasos es cuando estos algoritmos muestran más diferencias entre generaciones, pero conforme se avanza, al ser los estados más parecidos, los cambios son menores. Vamos a hacer otro cruzamiento para ver cómo avanza el algoritmo:

Han salido unas combinaciones interesantes, vamos a ver cómo quedan en el tablero y su función de idoneidad:

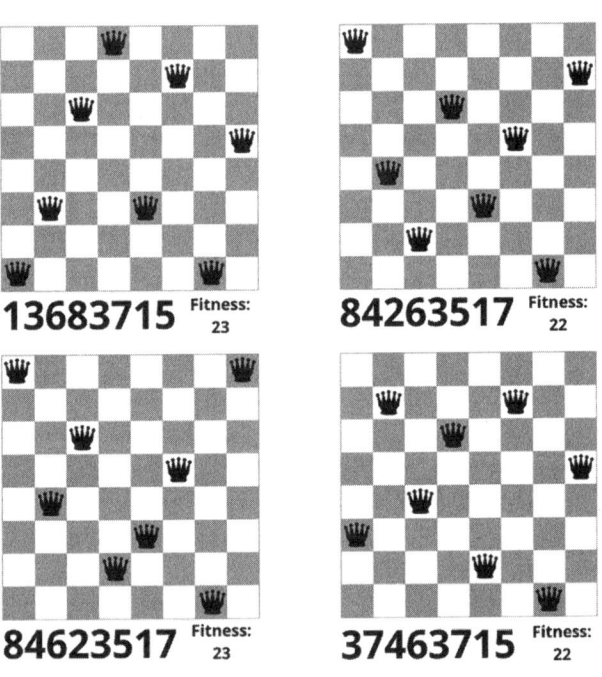

13683715 Fitness: 23

84263517 Fitness: 22

84623517 Fitness: 23

37463715 Fitness: 22

Observamos que las funciones de idoneidad son peores en este paso que en el anterior, lo cual es habitual porque necesitaremos muchas más iteraciones hasta llegar a la solución final. Tanto los cruces como las mutaciones pueden ayudar a mejorar la función *fitness* o a empeorarla, pero conforme avance el algoritmo se irá estabilizando la función de idoneidad en las generaciones resultantes hasta alcanzar la solución. Vamos a hacer otra iteración:

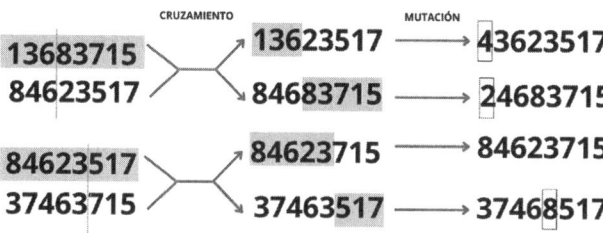

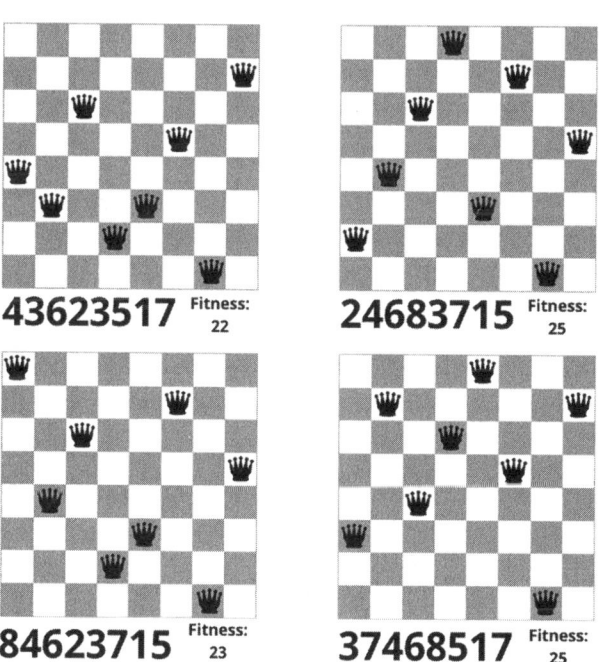

43623517 Fitness: 22

24683715 Fitness: 25

84623715 Fitness: 23

37468517 Fitness: 25

Observamos que hay patrones que se repiten, como los tres dígitos finales, que en dos casos son 517 y en otros dos son 715. Según vamos avanzando, los estados son cada vez más similares. Nuestro algoritmo seguiría realizando las iteraciones necesarias hasta alcanzar el estado 24683175 que es la solución. Lo podemos ver en la figura siguiente:

24683175 Fitness: 28

La cantidad de iteraciones necesarias para alcanzar este estado dependerá de la aleatoriedad de los cruces y de las mutaciones. Por tanto, debemos ser muy cuidadosos a la hora de establecer la probabilidad de las mutaciones, así como las probabilidades de los estados de ser escogidos para la fase de cruzamiento. Esto hace que tengan la desventaja de que pueden tardar mucho en encontrar la solución, lo cual suele abordarse introduciendo una condición de parada tras un número límite de iteraciones. De esa forma, podrían no ser capaces de garantizar alcanzar la solución óptima en aquellos problemas que puedan tener más de una solución. Como ventajas tienen que pueden ser ejecutados de forma paralela, pues podemos paralelizar los cruzamientos para que el algoritmo se ejecute más rápido. Otra ventaja es que no necesitan tener conocimientos previos sobre el problema a resolver, lo que les dota de una gran versatilidad.

Tercera parte

MODELOS SUPERVISADOS

IX. CLASIFICADORES Y REGRESORES ESTADÍSTICOS

«Las cosas complejas y estadísticamente improbables son por naturaleza más difíciles de explicar que las cosas simples y estadísticamente probables».

RICHARD DAWKINS

En los libros de la Fundación de Isaac Asimov se emplea la psicohistoria para predecir los acontecimientos que sucederán en el futuro. Esta ciencia consiste en la aplicación de las matemáticas a los datos históricos para poder anticipar comportamientos futuros. En el mundo real, los científicos de datos tenemos herramientas que nos permiten hacer predicciones y clasificaciones de eventos futuros a partir de datos históricos, una de ellas es la estadística, si bien conoceremos más a lo largo de este libro.

Muchos de nosotros hemos dado estadística en el colegio o en el instituto, nos acordamos de las medias, medianas, desviaciones típicas y todos esos cálculos que en esa época podían parecernos aburridos, pero que bien contextualizados y puestos en práctica nos permiten conocer mejor un conjunto de datos y nos ayudan a obtener información útil de ellos. La estadística nos sirve para exprimir los datos hasta sacarles su valor, pero no solo eso, también nos dota de herramientas de predicción que nos ayudan a completar conjuntos de datos incompletos, conocer las relaciones entre los datos o hacer predicciones útiles como saber la gente que vamos a necesitar ante un aumento de producción en una fábrica. Unas de estas herramientas son los MODELOS DE REGRESIÓN.

Los modelos de regresión son modelos estadísticos que nos permiten conocer la relación entre una variable dependiente, que puede ser cuantitativa o cualitativa, y una o más variables explicativas dependientes que pueden ser cuantitativas o cualitativas. En primer lugar, veamos qué son las variables cuantitativas y las variables cualitativas:

— VARIABLE CUANTITATIVA es aquella variable que tiene valores numéricos y podemos contar o medir. Estas variables tienen un comportamiento continuo. Un ejemplo son los pesos y medidas de una determinada población que queramos estudiar.

— VARIABLE CUALITATIVA O POLITÓMICA es una variable que se corresponde a varias categorías, no suele tener valores continuos. Algunos ejemplos son: el sexo de los individuos de una población, la respuesta de si un candidato es elegible o no para un determinado puesto, el nivel salarial de una persona (si lo hemos agrupado), el estado civil, etc. Las conocemos también como variables explicativas.

Estos tipos de variables son muy importantes a la hora de elegir el tipo de regresión que aplicaremos, ya que en el caso de variables cuantitativas emplearemos una REGRESIÓN LINEAL, mientras que para variables cualitativas haremos una REGRESIÓN LOGÍSTICA. También es importante el tipo de relación entre las variables, porque no es trivial escoger cuál es la variable explicada y cuál la variable explicativa, es decir, qué variable podemos deducir de qué otra. Esto depende mucho de las variables que encontremos en nuestro conjunto de datos, pues no es lo mismo tener un conjunto de datos sobre la población de gorriones en una zona que un conjunto de datos sobre volcanes. Los tipos de relaciones entre dos variables son los siguientes:

— FUNCIONALES O DETERMINISTAS: en este caso existen fórmulas matemáticas que determinan los valores de una de las variables partiendo de los valores de otras.
— ESTADÍSTICAS O ESTOCÁSTICAS: no existen fórmulas matemáticas que relacionen la variable explicada con la variable explicativa. Un ejemplo es la relación entre salarios y nivel de estudios, pues existen factores que no conocemos que afectan mucho a la relación entre estas variables, como son el entorno de la persona, el tipo de estudios, acontecimientos de su vida, etc.

Comencemos tratando la regresión lineal hablando de su historia. La primera descripción documentada de la regresión lineal fue publicada por Legendre en 1805, empleando el método de mínimos cuadrados para abordar una versión del teorema de Gauss-Márkov. Pero fue sir Francis Galton, médico y primo de Charles Darwin, el que introdujo el término «regresión» en un artículo científico en 1886 (Galton, *Regression towards mediocrity in hereditary stature*, 1886), y que volvió a mencionar en el libro *Natural inheritance* en 1889. Galton aplicó estas técnicas para estudiar la relación entre la altura de padres e hijos.

Para explicar la regresión lineal vamos a trabajar con un ejemplo, la relación entre peso y longitud en una población de peces. Vamos a considerar que el peso del animal está íntimamente relacionado con su longitud (a mayor longitud podemos deducir un mayor peso). Si bien esta relación es de tipo estadístico, ya que puede haber dos miembros de una especie que, teniendo la misma longitud, tengan pesos diferentes debido a factores como la disponibilidad de alimento. Este ejemplo es un caso de regresión lineal simple porque solo tenemos una variable dependiente y una variable independiente. Pero ¿cómo sabemos que estas variables están relacionadas? Un primer paso sería hacer una gráfica poniendo los valores en las coordenadas X e Y, y observando después la forma que toman los puntos. A esta gráfica la denominamos DIAGRAMA DE DISPERSIÓN. Vamos a tomar el conjunto de datos de los peces del río Tennessee publicado en Kaggle (Lee, 2023). Visualicemos una pequeña serie de datos para ver su estructura:

RIVER	MILE	SPECIES	LENGTH	WEIGHT	DDT
FCM	5	CCATFISH	42.5	732	10.00
FCM	5	CCATFISH	44.0	795	16.00
FCM	5	CCATFISH	41.5	547	23.00
FCM	5	CCATFISH	39.0	465	21.00
FCM	5	CCATFISH	50.5	1252	50.00
FCM	5	CCATFISH	52.0	1255	150.00
LCM	3	CCATFISH	40.5	741	28.00
LCM	3	CCATFISH	48.0	1151	7.70
LCM	3	CCATFISH	48.0	1186	2.00
LCM	3	CCATFISH	43.5	754	19.00
LCM	3	CCATFISH	40.5	679	16.00
LCM	3	CCATFISH	47.5	985	5.40
SCM	1	CCATFISH	44.5	1133	2.60
SCM	1	CCATFISH	46.0	1139	3.10
SCM	1	CCATFISH	48.0	1186	3.50
SCM	1	CCATFISH	45.0	984	9.10

Observamos que tenemos la parte del río, el punto kilométrico, la especie del pez observado, la longitud, el peso y la cantidad de contaminación por DDT (diclorodifeniltricloroetano) en las aguas (medida en partes por millón). Ahora vamos a realizar el diagrama de dispersión del peso (en gramos) y longitud (en centímetros):

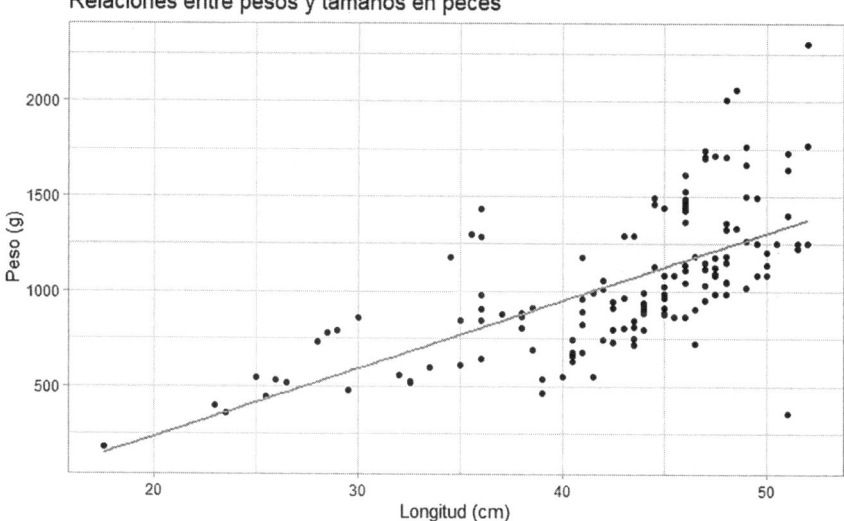

Relaciones entre pesos y tamaños en peces

En el diagrama podemos ver que la nube de puntos muestra algún tipo de relación entre la longitud y el peso de los peces. En concreto, observamos una dependencia lineal con pendiente positiva, ya que a medida que el valor del eje X aumenta también aumenta el valor en el eje Y. Al trazar la recta que mejor se ajusta a la nube de puntos la tendencia se hace más evidente, y a esta recta se le denomina RECTA DE REGRESIÓN.

Observamos que los valores no se ajustan perfectamente sobre la recta, lo cual nos indica que la relación entre las variables peso y longitud no es funcional, sino estadística. Si estuviésemos tratando dos variables sin ningún tipo de relación, la gráfica de dispersión no mostraría una forma tubular con una tendencia ascendente o descendente, tendría una forma dispersa que no se podría trazar con una línea. Veamos un ejemplo obtenido con nuestro conjunto de peces al relacionar el peso del animal con la cantidad de DDT en el agua:

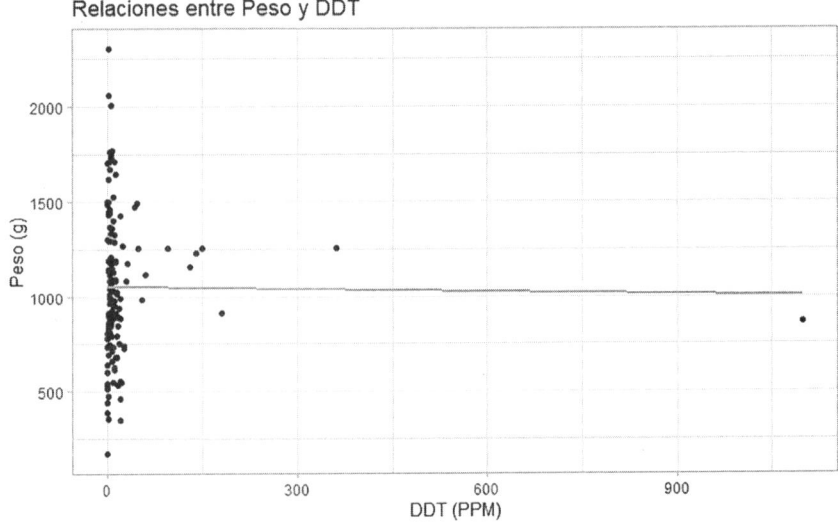

Relaciones entre Peso y DDT

En este caso, la recta de regresión obtenida tiene un error muy grande, ya que los valores no presentan una forma que muestre dependencia. La gráfica de regresión a su vez nos ayuda a identificar a simple vista si tenemos valores atípicos, también conocidos como *outliers*. Si volvemos a nuestra gráfica de longitudes y pesos, tenemos ejemplos de *outliers*: uno de ellos es el pez de 51 centímetros y 353 gramos porque pesa muy poco para su tamaño. Estos valores extraños pueden deberse a individuos con características atípicas o a errores en la introducción de los datos, por lo que siempre debemos prestarles atención, ya que nuestras predicciones se van a basar en ellos. Como hemos mencionado al inicio de este capítulo, vamos a usar la regresión para hacer predicciones del valor de la variable dependiente del eje Y a partir de la variable independiente del eje X, ya que esta es una de sus aplicaciones más importantes. Imaginemos que una amiga nos cuenta que ha pescado un pez de 55 centímetros en un punto del río Tennessee, pero que no sabía su peso porque se dejó la báscula en casa. Nosotros podemos deducir su peso gracias a la recta de regresión de la gráfica de tamaños y pesos de los peces de ese río. Lo haremos del siguiente modo: trazaremos una línea vertical en la longitud del pez, 55 cm, hasta llegar a la recta de regresión. En el punto de corte con la recta de regresión trazaremos una línea horizontal hasta el eje Y, allí donde la línea corte el eje, tendremos el peso del pez. En este caso, podemos inferir que su peso estará en 1486,227 gramos. En la imagen siguiente se muestra de una forma visual:

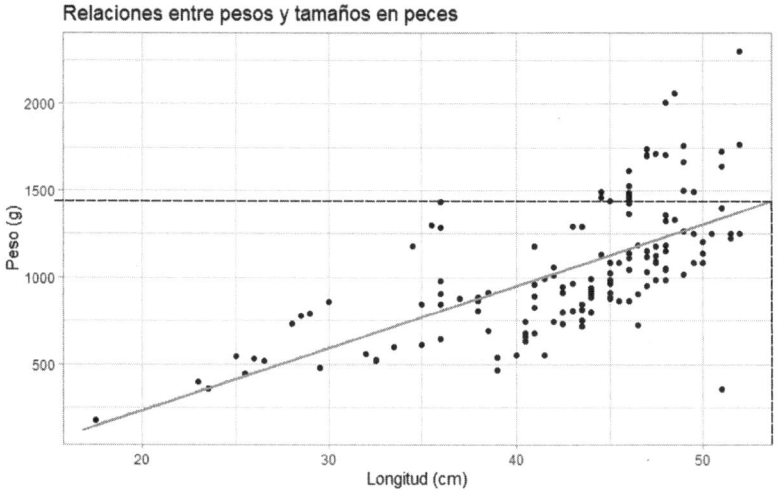

Extrapolar datos mediante la recta de regresión puede parecer una gran idea, pero debemos ser muy cautelosos a la hora de usar esta técnica, y es que al haber determinado nuestra recta de acuerdo con nuestro conjunto de datos, debemos estar muy seguros de que nuestro conjunto de datos tiene información representativa de toda la población que estamos analizando. En nuestro ejemplo tenemos solo datos de unos pocos ejemplares de peces de un río concreto, y nos faltan datos de individuos que midan más de 52 centímetros, por lo que nuestra muestra es incompleta y nuestras extrapolaciones no serán muy fiables. En estos casos diremos que los datos están sesgados porque no representan el total de la población, ya que pertenecen a una muestra muy limitada. Otro aspecto importante es tener claro si la extrapolación que queremos hacer tiene sentido, por lo que antes de aplicar la regresión debemos pensar bien cuál es nuestro objetivo. Además, es preciso tener en cuenta que el hecho de que haya correlación entre dos variables no implica que exista causalidad. Encontramos ejemplos muy divertidos de correlaciones entre hechos no relacionados en el libro *Freakonomics* (Steven D. Levitt, 2007). Uno de ellos describe cómo, a principios del siglo XX, ante la crisis sanitaria debida a la gran cantidad de casos de polio en Estados Unidos, algunos informes mostraron que el consumo de helado era el detonante de la enfermedad, ya que en verano el consumo de helados aumentaba, al igual que el número de casos de polio. Ambas variables tenían correlación en las gráficas de la época, pero no tenían absolutamente nada que ver la una con la otra.

Volviendo a nuestro estudio de los peces del río Tennessee, observamos que una buena calidad en el ajuste a la hora de crear nuestra recta de regresión es vital a la hora de hacer extrapolaciones. Pero ¿cómo medimos esa calidad de ajuste? Los oyentes del pódcast de divulgación *Coffee Break: señal y ruido* estamos familiarizados con el COEFICIENTE DE DETERMINACIÓN R^2 porque se menciona con frecuencia a la hora de valorar las hipótesis de algunos artículos científicos, pero vamos a explicar en qué consiste el famoso R^2. El coeficiente de determinación R^2 es la medida más importante de la bondad del ajuste de la recta de regresión. Nos indica el grado de ajuste de nuestra recta de regresión a los valores de la muestra con la que estamos trabajando. El valor de R^2 se encuentra entre 0 y 1 comportándose del siguiente modo:

— $R^2 = 1$ indica un ajuste perfecto, es decir, que la recta de regresión pasa por encima de todos los puntos de nuestro diagrama de dispersión. Hemos visto que esto solo se da en las relaciones funcionales.
— $R^2 = 0$ nos dice que la relación entre las variables es nula. No están relacionadas.

De estas dos reglas podemos deducir que cuanto más cercano a 1 sea el valor de R^2 mejor será nuestro ajuste. En el ejemplo de los peces, si realizamos el cálculo de R^2 obtenemos un valor de 0,43, por lo que nuestro ajuste no es muy bueno.

El grado de relación entre las variables lo podemos medir mediante el COEFICIENTE DE CORRELACIÓN R. Este valor está entre –1 y 1 y se comporta del siguiente modo:

— r = –1 o r = 1 indica que existe una asociación lineal perfecta entre las variables. Si es positiva indicará que los valores grandes de nuestra variable X están asociados a valores grandes de la variable Y, si es negativa indicará que los valores grandes de X están asociados con valores pequeños de Y.

— Si r es mayor que -1 y es menor que 1 la relación entre las variables no es perfectamente lineal. Si el valor absoluto de r es menor que 0,5 la relación entre las variables es débil, si el valor absoluto de r es mayor que 0,8 la relación se considera fuerte, si el valor absoluto de r está entre 0,5 y 0,8 la relación se considera moderada.

En nuestro ejemplo, el coeficiente de correlación r es 0,65, por este motivo podemos deducir que la relación entre la longitud y el peso de los peces en nuestro conjunto de datos es moderada.

Pero decir que regresión lineal es el equivalente a la recta de regresión es un error, ya que debemos tener en cuenta el residuo o error, esto es, la diferencia entre el valor observado y el valor estimado por nuestra recta. Por tanto, cuando nosotros hacemos un modelo de regresión lineal en nuestro ordenador, estamos añadiendo los residuos a la recta de regresión para poder hacer predicciones ajustadas. Pero ¿cómo medimos lo bien ajustada que está nuestra predicción? Gracias al *p*-valor, el cual nos proporciona la probabilidad del resultado observado o de uno más alejado. Para calcularlo vamos a usar el ejemplo del tamaño de los peces, empleando un valor α al que asignaremos un valor constante, lo más común es 0,05. Ahora debemos establecer una hipótesis nula y una hipótesis alternativa, supongamos las siguientes:

— Hipótesis nula H_0: la longitud no es explicativa del peso del pez y la recta de regresión tiene una pendiente 0.
— Hipótesis alternativa H_1: la longitud del pez explica el peso del ejemplar y la recta de regresión tiene una pendiente diferente de 0, en nuestro caso será una pendiente positiva.

Si al calcular nuestra regresión en R, Python o el lenguaje que queramos, el p-valor nos da menor que el valor α, podremos rechazar la hipótesis nula y afirmar que la longitud del pez explica su peso. En nuestro ejemplo obtenemos que nuestro p-valor es menor que 2,2e-16. 2,2e-16 es la notación científica de 0,0000000000000022, por lo que al ser menor que 0,05 podemos afirmar que la longitud del pez explica su peso en nuestro conjunto de datos.

Ya hemos descrito la regresión lineal y cómo evaluar si nuestras predicciones serán buenas, pero lo hemos hecho para dos variables nada más. ¿Puede hacerse con más variables? La respuesta es afirmativa, a esta regresión la llamamos REGRESIÓN LINEAL Múltiple. De hecho, en la realidad solemos encontrarnos que son más de una las variables que influyen en los valores de otra variable. Si pensamos en el precio de la vivienda, este depende del tamaño de la vivienda, su orientación, la zona donde está ubicada, si es un barrio cercano a una zona turística y un largo etc. Este es uno de los ejemplos más habituales del uso de la regresión múltiple para hacer predicciones. Podemos decir que la regresión lineal múltiple es una generalización de la regresión lineal simple que relaciona la variable que queremos explicar con n variables explicativas. Ninguna de estas n variables debe ser combinación lineal de las otras.

Como la regresión lineal múltiple es muy similar a la regresión lineal simple, vamos a trabajar con un ejemplo para ver sus diferencias y ventajas de un modo más sencillo. Para ello tomaremos el conjunto de datos del mercado de la vivienda de Nueva York (Elgiriyewithana, 2024), que hemos descargado de Kaggle y que muestra los siguientes campos:

— BROKERTITLE: nombre del vendedor.
— TYPE: tipo de la vivienda.
— PRICE: precio de la vivienda. Será el campo que predeciremos.
— BEDS: número de habitaciones.
— BATH: número de baños.
— PROPERTYSQFT: metros cuadrados de la propiedad.
— ADDRESS: dirección de la vivienda.
— STATE: estado en el que se encuentra la vivienda. Entendiendo que hablamos del estado como región.
— MAIN_ADDRESS: dirección principal de la información.
— ADMINISTRATIVE_AREA_LEVEL_2: área administrativa donde se encuentra.
— LOCALITY: región donde se encuentra.
— SUBLOCALITY: condado.
— STREET_NAME: nombre de la calle.
— LONG_NAME: nombre largo de la calle. Se refiere a la numeración.
— FORMATTED_ADDRESS: dirección formateada para el análisis.
— LATITUDE: latitud de las coordenadas de la vivienda.
— LONGITUDE: longitud de las coordenadas de la vivienda.

Decidir las variables que afectan al precio no es sencillo, para ello solemos crear un modelo de regresión en el que incluimos todas las variables que suponemos que pueden afectar a la variable que deseamos predecir y buscamos en la información de dicho modelo la contribución de cada variable mediante contraste de hipótesis y obtención del *p*-valor. En nuestro ejemplo, las variables con mayor relevancia sobre el precio de la vivienda son: el tipo de vivienda, la cantidad de dormitorios, cantidad de baños, los metros cuadrados de la propiedad, el estado en el que se ubica, el área administrativa, la localidad, el barrio, el nombre de la calle y el nombre largo de la calle. Tiene bastante sentido si lo pensamos.

En regresión múltiple no podemos representar la recta de regresión, ya que al haber muchas variables no podemos trazar una única recta ¿Cómo vemos el ajuste de los datos? Para hacer una diagnosis visual empleamos dos gráficos: uno con los valores ajustados frente a los residuos (este gráfico nos permite determinar si la varianza es constante) y el gráfico cuantil-cuantil, que compara los residuos del modelo con los valores de una variable que se distribuye de forma normal. Veamos cómo quedan para nuestro modelo, comenzando con el gráfico de residuos:

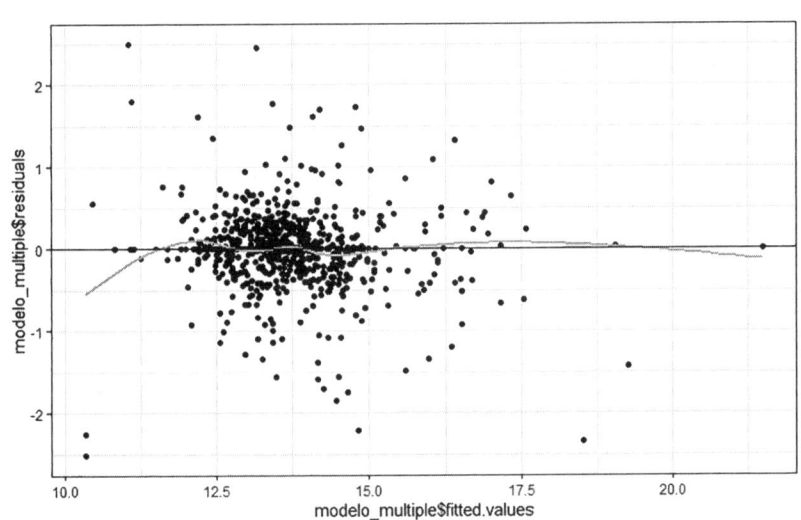

Se observa que el gráfico no muestra ningún tipo de estructura y, al contrario de lo que ocurría con la regresión lineal, en la regresión múltiple, presentar los residuos distribuidos de manera aleatoria alrededor del cero indica que el modelo es bueno. Veamos ahora la gráfica cuantil-cuantil:

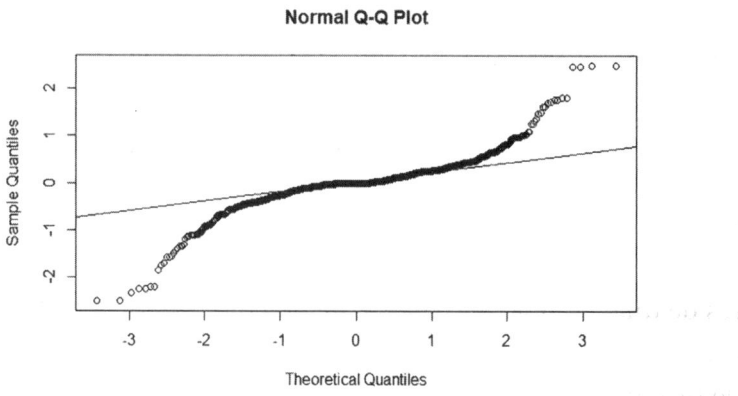

Observamos que los residuos siguen una distribución normal, ajustándose a la línea. Parece que el modelo es bueno. De hecho, obtenemos un coeficiente de determinación de nuestro modelo múltiple de R^2 = 0,90, lo que implica que el modelo es excelente. El coeficiente de correlación en estos modelos se calcula mediante la raíz cuadrada de R^2, alcanzando en nuestro caso un valor r = 0,95. Como vimos en la explicación del coeficiente de correlación, esto significa que la relación entre las variables de nuestro modelo es fuerte. Observamos que los valores de este modelo son más altos que en el modelo anterior. Esto se debe a que la regresión múltiple, al considerar más factores, hace una predicción mucho más precisa.

Ahora que sabemos que tenemos un modelo bueno hagamos una predicción: imaginemos que queremos comprar un apartamento como el de Mónica en la mítica serie *Friends*, con dos dormitorios, un baño, unos noventa metros cuadrados, situada en el número 90 de Bedford Street, en la ciudad de Nueva York. Si metemos estos parámetros en nuestro modelo, este nos proporciona como resultado un precio de venta de 5 899 055 dólares.

Pero ¿qué pasa si lo que queremos predecir no es un valor numérico? Imaginemos que queremos saber si el currículum de un candidato se adapta a nuestra oferta de empleo, si podemos conceder una hipoteca a una persona, si una flor pertenece a una especie a partir de sus datos o si queremos conocer la especie de un pájaro a partir de sus características. En estos casos, la respuesta no es un número sino una clase, que puede ser desde una respuesta de sí o no hasta el nombre de una especie animal o vegetal. Para estas situaciones, las regresiones hasta aquí comentadas no valdrían, necesitaremos otro tipo de regresión: la REGRESIÓN LOGÍSTICA.

El modelo de regresión logística se define como una técnica estadística mediante la cual se analizan las relaciones entre una variable dependiente cualitativa y una o varias variables independientes. Las variables independientes pueden ser cuantitativas o cualitativas. A diferencia de los modelos anteriores, que nos permitían predecir un valor, este modelo se comporta como un clasificador porque nos devuelve la clase o grupo al que pertenece un individuo dependiendo de sus características. Estos modelos pueden trabajar con variables dependientes con distribución binomial, esto es, con solo dos posibles resultados (Sí/No, Fracaso/Éxito...); pero también pueden trabajar con variables dependientes con distribución politómica, que son aquellas con varias categorías (la especie de pingüino a la que pertenece un individuo, la especie de una flor, los estados de un paciente, etc.). Otra característica interesante es que pueden trabajar con una o con varias variables explicativas.

Seguro que al leer esta definición se nos ha ocurrido que podría ser más sencillo usar una regresión lineal o múltiple para clasificar, engañando al sistema usando números: 0 o 1 para sí o no, números para identificar diferentes especies, etc. Esto sería muy mala idea porque el modelo daría respuestas absurdas, para entenderlo mejor pensemos que tenemos un sistema compuesto por una variable dicotómica que tomará valores 0 y 1 y una variable independiente. En este caso, la relación entre la variable dependiente y la independiente no estaría definida por una recta, como ocurre en la regresión lineal con la recta de regresión, sino que tendría la forma de una función sigmoidal (con forma de s) que partiría del valor 0 y acabaría en el valor 1, teniendo su punto de inflexión en el valor 0,5.

Antes de adentrarnos en la regresión logística, hablemos de su historia. La regresión logística es más moderna que la regresión lineal. Concretamente es de 1961, cuando Cornfield *et al.* usaron por primera vez el término en un artículo científico. Unos años después, en 1967, emplearon esta metodología para estimar la probabilidad de la ocurrencia de un proceso en función de otras variables. La regresión logística gustó y su uso se incrementó durante los años 80, constituyendo actualmente uno de los métodos más usados en el ámbito de las ciencias de la salud.

La mejor manera de conocer y comprender el funcionamiento de estos modelos es jugando con un ejemplo. Para ello, hemos tomado de Kaggle un conjunto de datos sobre diagnósticos de fallos cardíacos (Fedesoriano, 2021) y vamos a usarlos para hacer un modelo de regresión logística. Las variables de nuestra tabla son las siguientes:

— Edad: edad del paciente en años.
— Sexo: sexo del paciente [M: Masculino, F: Femenino].
— Tipo de dolor de pecho:
  - TA: Angina Típica.
  - ATA: Angina Atípica.
  - NAP: Dolor no Anginoso.
  - ASY: Asintomático.
— Presión arterial en reposo [mm Hg].
— Colesterol: colesterol sérico [mm/dl].
— Glucemia en ayunas [1: si el nivel de glucosa > 120 mg/dl, 0: en caso contrario].
— Resultados de electrocardiograma en reposo:

- Normal: Normal.
- ST: teniendo anomalía de la onda ST-T (Inversiones de la onda T y/o elevación o depresión del ST > 0,05 mV).
- LVH: muestra hipertrofia ventricular izquierda probable o definitiva según los criterios de Estes.

— Frecuencia cardíaca máxima alcanzada [Valor numérico entre 60 y 202].

— Angina inducida por el ejercicio [Y: Sí, N: No].

— Oldpeak: Depresión del ST inducida por el ejercicio en relación con el reposo = ST [Valor numérico medido en depresión].

— La pendiente del segmento ST inducida por el esfuerzo:
- Arriba: pendiente ascendente.
- Plano: plano.
- Abajo: pendiente descendente.

— Cardiopatía: clase de salida [1: Cardiopatía, 0: Normal].

Si hacemos un análisis de los datos con nuestro modelo de regresión obtenemos resultados muy curiosos. El *p*-valor de las diferentes variables muestra que todas son muy relevantes salvo la presión arterial en reposo, el electrocardiograma en reposo y la frecuencia cardíaca máxima. No debemos olvidar que este es un modelo de juguete con datos descargados, por tanto, no tiene ningún valor médico real. Calculemos a continuación la ODDS-RATIO. La Odds-ratio (OR) es la razón de la probabilidad de que un suceso ocurra entre la probabilidad de que no ocurra, y pueden darse los siguientes casos:

— OR = 1: no existe relación entre la variable respuesta y la covariable.

— OR < 1: el suceso es menos probable en presencia de dicha covariable.

— OR > 1: el suceso es más probable en presencia de dicha covariable. Se interpreta como un factor de riesgo.

Las Odds-ratio de las variables de nuestro modelo nos dan información muy interesante. Por ejemplo, el sexo masculino tiene un OR = 4,33, lo que indica que el hombre tiene 4,33 más cardiopatías que la mujer. Esto puede ser un valor significativo o puede deberse a que tenemos datos sesgados, veamos la distribución por sexos en nuestro conjunto de datos:

Si observamos la distribución de los datos, se aprecia un mayor número de hombres que de mujeres. Por este motivo, es normal que obtengamos que hay más hombres con cardiopatías.

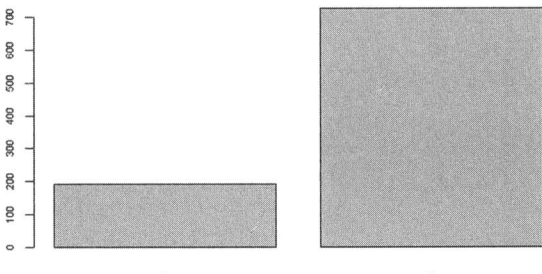

Aquí hay un sesgo en los datos a favor de la población masculina que hará que sea más difícil diagnosticar a una mujer.

También se observa que las personas con niveles altos de glucosa en sangre en ayunas tienen 3,12 más cardiopatías que el resto. Veamos su distribución:

Aquí ocurre justo lo contrario, hay muy pocos individuos diabéticos, pero presentan una alta incidencia de cardiopatías. Puede que el dato sea correcto, pues sabemos que existe una relación muy alta entre diabetes y desarrollo de enfermedades cardiovasculares. Además, hemos observado que una persona entre 57 y 62 años tiene 2,24 más cardiopatías, lo cual también nos cuadra, pero comprobemos la distribución:

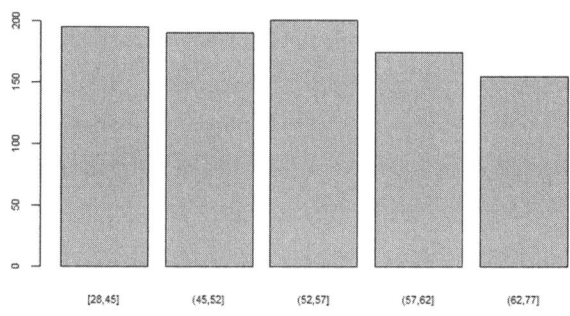

Se trata de una distribución bastante homogénea, por lo que no parece haber sesgos. Para ver si nuestra regresión logística es buena y comprobar la bondad del ajuste, aplicamos test estadísticos. No vamos a entretenernos explicando cada uno de ellos, solo diremos que, en nuestro conjunto de datos, al tener variables continuas, emplearemos el test de Hosmer-Lemeshow. Esta prueba nos devuelve un *p*-valor de 0,37, lo que indica que el modelo está bien ajustado (sí, en este caso, nuestro *p*-valor debe ser mayor de 0,05).

Ahora vamos a hacer una predicción con nuestro modelo: imaginemos que tenemos a un hombre de 41 años con un dolor de angina típica, con una tasa de colesterol de 165, diabético, que no muestra angina tras el ejercicio, con una depresión del ST inducida por el esfuerzo de 0,0 y una pendiente del segmento ST inducida por el esfuerzo plana. ¿Qué nos dice nuestro modelo? Nos da como respuesta que esta persona tiene un 0,73 de probabilidad (un 73 %) de tener una cardiopatía. ¿Y si cambiamos al paciente por una mujer? En ese caso, nuestro modelo nos dice que tiene un 0,39 de probabilidad. Esto se debe a que nuestros datos tienen un sesgo debido a que el porcentaje de mujeres es menor. ¿Podemos decir que nuestro algoritmo está sesgado? No, porque estamos usando fórmulas estadísticas para analizar y predecir, y la estadística no puede tener sesgos por sí misma. Es la mala elección de los datos la que hace que toda nuestra estadística falle y tengamos malas predicciones. El dato es el que tiene los sesgos, no el modelo.

Finalizamos aquí este capítulo, que igual ha podido parecer más extenso y detallado que los demás, pero su finalidad era mostrar cómo la estadística pura nos permite hacer clasificaciones y predicciones de valores, consiguiendo muchas veces los mismos resultados que otros métodos que consumen más recursos de nuestras máquinas. También era importante mostrar ejemplos con sesgos para enseñar que hasta la estadística puede dar respuestas sesgadas si escogemos mal los datos para trabajar. Por tanto, si escuchamos a supuestos expertos hablar de que los algoritmos están sesgados debemos tener claro que no es así: son los datos los que están sesgados y estos dependen de nosotros porque somos los que los tratamos y elegimos. Un truco para saber si alguien está atribuyendo a la inteligencia artificial atributos que no tiene es cambiar la palabra IA por estadística en su argumento, si el resultado nos chirría es que probablemente el argumento sea erróneo.

X. CLASIFICAR CONOCIENDO A LOS VECINOS

«Ama a tu vecino, pero no derribes vuestra verja».

GEORGE HERBERT OF CHERBURY

Este capítulo habla de relaciones vecinales, no es ningún error ni se nos ha colado un capítulo de otro libro por despiste. Trataremos un algoritmo que clasifica un nuevo elemento en base a la cercanía de sus características a las de otros elementos existentes en nuestro conjunto de datos, esto es, determina la clase de ese nuevo elemento en base a su nivel de vecindad con elementos parecidos. Hablamos del algoritmo k-NN, también conocido como «k vecinos más cercanos» o «k nearest neighbors» en inglés.

Al igual que ocurre con la regresión logística que describimos en el capítulo anterior, este algoritmo suele trabajar con conjuntos de datos formados por varias variables descriptivas y una variable que contiene la clase del elemento. El objetivo es que cuando nos encontramos con un nuevo elemento que no conocemos seamos capaces de clasificarlo de manera correcta, del mismo modo que cuando vamos paseando por el campo y vemos una flor que no conocemos podemos deducir a qué familia de especies pertenece comparando sus atributos. Si bien este algoritmo se suele usar para clasificar, también es capaz de funcionar como regresor y proporcionarnos como resultado un valor.

Antes de entrar de lleno en este método, hablemos brevemente de sus creadores, Evelyn Fix y Joseph Hodges. Estos investigadores lo desarrollaron en 1951 y lo publicaron en un informe para la Escuela de Medicina de Aviación de la USAF en Texas (Evelyn Fix, 1951). Como curiosidad hay que destacar que este informe estuvo clasificado por el departamento de defensa de los Estados Unidos y fue desclasificado en 1970. Unos años después de su desarrollo, en 1967, los investigadores norteamericanos Thomas M. Cover y Peter E. Hart ampliaron su concepto en un artículo científico (Thomas M. Cover, 1967). Una vez más nos encontramos ante un algoritmo de *machine learning* que lleva varios años entre nosotros. De hecho, se usa desde hace muchos años en sistemas de recomendación sencillos, en reconocimiento de patrones, extracción de datos, predicciones en el mercado financiero, detección de intrusos, etc.

Este método tiene una característica que le diferencia de otros métodos de aprendizaje supervisado: no usamos con él un conjunto de datos de entrenamiento para obtener un modelo entrenado que aprenda a clasificar, sino que el aprendizaje se realiza cada vez que queremos clasificar una nueva instancia. Este tipo de algoritmos se conocen como métodos de aprendizaje perezoso o *lazy learning methods*. Para que lo entendamos mejor, el funcionamiento del k-NN es como el de una persona que se está iniciando en el mundo de la ornitología y es la primera vez que sale a fotografiar e identificar aves, la persona encuentra un ejemplar de un somormujo lavanco, no sabe qué es pero sabe que está en un humedal y tiene delante un ave acuática, con eso abre su libro de aves y se posiciona en la parte de aves acuáticas, después va comparando todas las fotografías y descripciones de aves del libro con las características del animal que tiene delante para acabar averiguando que es un somormujo lavanco.

Aunque en principio esta sería una descripción simplificada del comportamiento de este algoritmo, lo cierto es que, en la realidad, tampoco estamos ante algo mucho más complejo. Imaginemos que tenemos un conjunto de datos formado por múltiples instancias etiquetadas ya con su clase y que nos encontramos un nuevo elemento que queremos clasificar. Si seguimos con nuestro ejemplo de aves, nuestra situación se representaría de la siguiente manera:

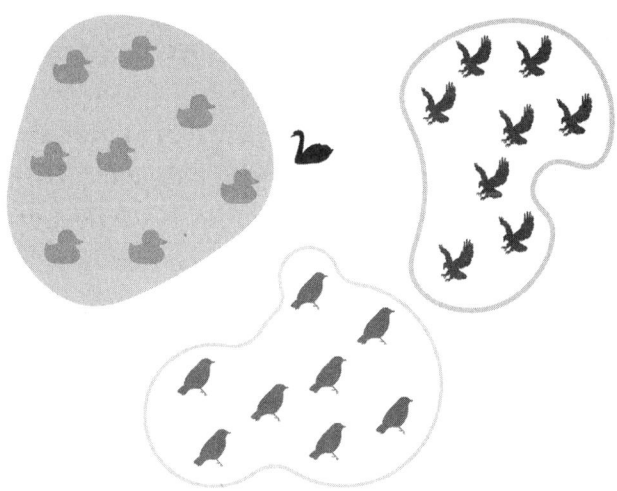

En nuestra imagen tenemos tres clases de aves bien delimitadas: anseriformes (patos, cisnes, gansos, serretas, etc.), rapaces y paseriformes (gorriones, golondrinas, cuervos...). En el centro de la imagen está nuestro ejemplar desconocido al que queremos clasificar, un cisne. Para hacer esta clasificación, el algoritmo k-NN calcula la distancia del nuevo elemento (nuestro nuevo ejemplar) con todos los elementos de nuestro conjunto de datos y selecciona las k distancias más cercanas, de ahí viene el nombre del algoritmo. Pero este número k de distancias no es algo fijo, lo debemos decidir nosotros al definir nuestra aplicación y debemos tener mucho cuidado porque una mala elección de k puede dar lugar a una mala clasificación. Dentro de esas k distancias más cercanas que hemos encontrado, contamos los elementos de cada clase y tomamos como resultado aquella clase con mayor representación. Vamos a verlo de una forma gráfica para entenderlo mejor:

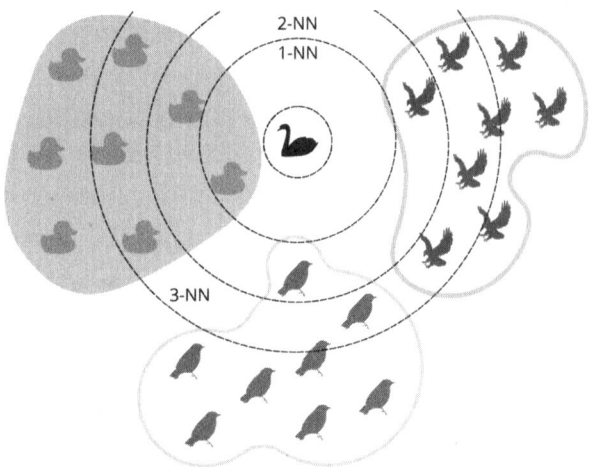

Según el valor de *k*, nuestro algoritmo hace las siguientes clasificaciones:

k = 1: nuestro ejemplar es clasificado como un anseriforme.

k = 2: nuestro ejemplar es clasificado como un anseriforme, ya que es la clase con más individuos dentro de las distancias.

k = 3: nuestro algoritmo no puede clasificar el ejemplar porque hay un empate entre el número de ejemplares de anseriformes y el número de ejemplares de rapaces (no tenemos en cuenta el trocito de ala de la rapaz que se cuela en el trazo).

En este ejemplo observamos cómo a medida que crece el valor *k* el algoritmo *k*-NN tiene más dificultades para clasificar porque empieza a introducir vecinos menos cercanos en características. Por este motivo suele escogerse un valor pequeño de *k* al principio y después se va ajustando mediante pruebas con varias instancias, esto es, mediante ensayo y error. Para minimizar la posibilidad de empates es habitual escoger un valor de *k* impar o primo. En el caso de empates, como sucede en nuestro ejemplo al tomar *k* = 3, debemos decidir cómo se va a comportar nuestro modelo. Lo más habitual ante un empate es no dar una clasificación, si bien a veces puede ser interesante dar como resultado aquella clase que está más representada en nuestro conjunto de datos porque será más fácil que este nuevo elemento pertenezca a ella.

Si analizamos bien el ejemplo visual nos surge otra duda. ¿Qué ocurre con el tamaño de la distancia? ¿Es siempre el mismo o se debe escoger como se hace con k? La distancia D de nuestro algoritmo representa lo que conocemos como MÉTRICA DE SIMILITUD, pues es con lo que medimos cuánto se parece un elemento a sus vecinos. Nuestra métrica de similitud debe tener en cuenta la importancia relativa de cada atributo a la hora de definir la clase, es algo parecido a cuando en el capítulo anterior teníamos que escoger las variables que eran relevantes para definir bien nuestro modelo de regresión. De esto podemos deducir que la métrica de similitud escogida debe adaptarse a nuestro conjunto de datos para que el algoritmo k-NN esté bien calibrado, pero su elección no es trivial porque debemos escoger una función que tenga un bajo coste computacional ya que la vamos a ejecutar muchas veces durante nuestro proceso de clasificación. Existen dos distancias que son las más usadas a la hora de aplicar el algoritmo k-NN (no mostraremos sus ecuaciones porque no es el objetivo de este libro):

— Distancia euclídea: la más usada cuando se trabaja con datos numéricos.
— Distancia de Hamming: es la más empleada cuando trabajamos con atributos cualitativos o binarios.

Otro aspecto a tener en cuenta es la normalización de los atributos con los que vamos a trabajar, sobre todo si estos son de carácter numérico. Imaginemos que queremos clasificar las viviendas del ejemplo del capítulo anterior y empleamos para ello su precio, al tener un rango muy amplio de precios con valores muy grandes, nuestra métrica puede tener problemas a la hora de clasificar. Por este motivo, debemos analizar y normalizar los datos, ya sea aplicando la escala logarítmica, u otras técnicas como restar a cada uno de los valores la media de la variable en el conjunto de datos y dividirlo por la desviación típica o cambiando el atributo por un atributo cualitativo que represente franjas de valores. Existen muchas maneras de normalizar y su elección dependerá de lo que queramos conseguir y de nuestros datos.

Hemos aprendido cómo es el algoritmo k-NN, de ello podemos deducir que es un algoritmo bastante sencillo, aunque su calibración no lo sea. Su mayor ventaja es su capacidad de adaptarse a conjuntos de datos en constante cambio sin necesidad de estar entrenando nuestro modelo cada poco tiempo. Esto es muy útil en casos como las recomendaciones de compras, ya que, a medida que pasa el tiempo, nuestros hábitos de consumo cambian (no es lo mismo lo que compramos en una plataforma cuando vivimos con nuestros padres, cuando nos independizamos, si adoptamos una mascota, si nuestra familia crece, etc.). Además, estamos ante un algoritmo con una eficacia que se encuentra al nivel de otros modelos mucho más complejos, añadiendo que es muy poco sensible al ruido, lo que le convierte en un algoritmo muy robusto. Como defecto debemos resaltar que es lento a la hora de clasificar, porque cada vez que queremos clasificar un nuevo elemento debemos compararlo con todas y cada una las instancias de nuestro conjunto de datos. Por ese motivo, no es recomendable para trabajar con conjuntos de datos muy grandes ni con muchos atributos. Otro problema que encontramos a la hora de usar k-NN es que se trata de un modelo que puede sufrir *overfitting*, por lo que, en lugar de generalizar y ser capaz de clasificar nuevas instancias, solo consiga describir las instancias que ya se encuentran en su conjunto de datos. Por este motivo, es muy importante tener cuidado a la hora de escoger las variables representativas, la métrica de similitud y el valor de k.

XI. CLASIFICAR HACIENDO REBANADAS

«No necesitas una espada para cortar dos flores».
JOHN LENNON

Existen ocasiones en las que, para clasificar un conjunto de datos, no podemos usar rectas para establecer las fronteras entre valores. Imaginemos una distribución en la que los datos de una clase se arremolinan alrededor de los de otra clase. Con una recta es imposible hacer una división, pero si pudiéramos añadir una dimensión al problema podríamos hacer un corte limpio con un plano del mismo modo que cortamos una barra de pan con un cuchillo. Este es el planteamiento que siguen las MÁQUINAS DE SOPORTE VECTORIAL, también conocidas como SVM por su denominación en inglés *Support Vector Machines*.

Las máquinas de soporte vectorial fueron propuestas por Vladimir Vapnik en 1995 en su libro *The Nature of Statistical Learning Theory*, y a su vez fueron presentadas en 1996 en un artículo científico escrito por Vladimir Vapnik, Steven E. Golowich y Alex Smola (Vladimir Vapnik S. E., 1996). Este artículo se considera relevante porque construyen un método cuyo objetivo es realizar predicciones muy fiables, y esto rompía con los modelos que se habían desarrollado hasta la fecha. Tradicionalmente las hipótesis que creaban los modelos se basaban en la minimización del riesgo empírico, pero las SVM se basan en la minimización del riesgo estructural, con esto intentan construir modelos cuya estructura tenga poco riesgo de cometer errores ante futuras clasificaciones. El concepto de minimización de riesgo estructural lo propuso el propio Vapnik en 1974 junto con Chervonenkis en el artículo *Ordered risk minimization I* (Vladimir Vapnik A. Y., 1974).

Para explicar el trabajo de Vapnik y Chervonenkis de un modo fácil de entender nos centraremos en la clasificación binaria, si bien las SVM funcionan bien para todo tipo de clasificaciones. Tenemos un conjunto de datos de entrenamiento y lo separamos empleando un separador lineal o hiperplano, dejando así divididos los datos en dos clases. Imaginemos que estas clases están distribuidas como nombramos al inicio del capítulo, una rodeando a la otra. Como este tipo de frontera es muy compleja podemos llevar a cabo dos acciones: construir un clasificador complejo capaz de crear esa frontera o doblar el espacio de nuestro conjunto de datos como si fuera una servilleta, añadiéndole una nueva dimensión y permitiendo usar un clasificador sencillito que haga un simple corte y separe las regiones del mismo modo que un cuchillo corta una rodaja de salchichón. Cuanto más simple sea el clasificador, menos posibilidad de cometer un error en su creación, por lo que ganaremos fiabilidad.

Una vez más estamos ante un modelo que lleva bastantes décadas con nosotros, y que actualmente es considerado uno de los algoritmos más potentes en reconocimiento de patrones. Sus usos más habituales son:

— CLASIFICACIÓN DE TEXTOS: las SVM se emplean frecuentemente en el procesado del lenguaje natural (NLP) para tareas como análisis de sentimientos, detección de SPAM y modelado de tópicos.
— CLASIFICACIÓN DE IMÁGENES: se aplican en tareas de clasificación de imágenes como son la detección de objetos, recuperación de imágenes dañadas y en detección de imágenes manipuladas.

— Bioinformática: se han usado para clasificar proteínas, análisis de expresión genética, diagnóstico de enfermedades y en la investigación del cáncer.
— Sistemas de información geográfica (GIS): las SVM pueden analizar estructuras geofísicas en capas subterráneas, también se utilizan en el filtrado de ruido de los datos electromagnéticos y han ayudado a predecir el potencial de licuefacción sísmica del suelo.

Podemos ver que estamos ante un modelo muy potente cuyo uso está muy extendido. Las razones son su eficiencia y su facilidad para desenvolverse en entornos con numerosas dimensiones y con conjuntos de datos poco estructurados.

Ahora que conocemos la esencia de las SVM y sus usos, pasemos a descubrir su funcionamiento en profundidad, a meternos en sus tripas. La verdad es que este capítulo entre cortes y tripas puede parecer un poco grotesco pero lo cierto es que las SVM son fascinantes y merece la pena adentrarse en ellas.

Hemos explicado que las SVM cortan el entorno de los datos para establecer una división entre las clases. Esto nos recuerda a cuando cortamos algo con un cuchillo, pero con la diferencia de que las SVM no separan las rodajas ni quitan el cuchillo, el hiperplano con el que se hace la división se mantiene como separación entre clases. Además, tampoco nos vale cualquier corte, el hiperplano debe estar en una posición que establezca el mayor margen posible entre este y las instancias más cercanas de cada una de las clases del conjunto de entrenamiento. Solo así podremos garantizar que, si aparecen nuevas instancias para clasificar, siempre caigan en la clase correcta debido al margen existente. Para lograr esto tomamos los puntos de cada clase más cercanos al espacio de división entre ambas. A estos puntos los llamamos vectores de soporte porque son vectores definidos por los puntos que nos marcan la frontera que usaremos para calcular el margen y el hiperplano que separará las clases. El hiperplano quedará siempre en el centro del margen y las distancias de los vectores de soporte al hiperplano deberán ser las mismas.

En resumen: el objetivo de las SVM es encontrar aquel hiperplano que nos garantice la mayor distancia entre él y los puntos más cercanos, esto es, que nos asegure el margen más grande. Además, el hiperplano debe satisfacer que todos los puntos de una clase quedan a un lado y los de la otra clase queden al otro lado, aunque esto no siempre es posible: si se cumple llamamos al margen *hard-margin*, pero cuando no se puede y quedan instancias en el lado incorrecto del hiperplano los llamamos *soft-margin*. Si nos encontramos con un *soft-margin*, el hiperplano óptimo debe minimizar la cantidad de elementos de cada clase que se encuentran en el plano equivocado y además debe tener en cuenta las distancias de dichos puntos al hiperplano.

¿Pero qué sucede cuando los datos están agrupados de manera que con las dimensiones existentes no es posible establecer una división? ¿Cómo aumentamos las dimensiones? Para esto empleamos lo que se denominan FUNCIONES KERNEL, que son las encargadas de añadir esa dimensión adicional para poder separar las clases con un hiperplano. Para explicar cómo trabajan las funciones *kernel* vamos a ilustrarlo con un ejemplo visual: imaginemos que tenemos un conjunto de datos con la siguiente distribución:

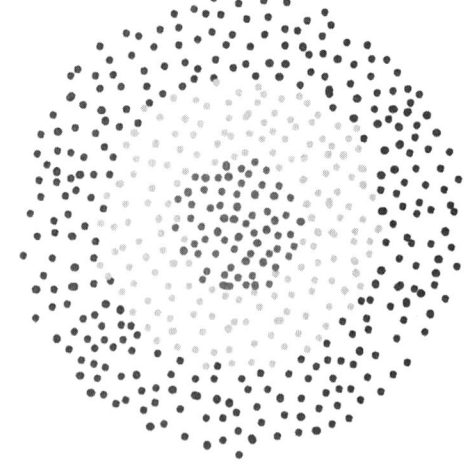

Obviamente, por más que nos esforcemos, no existe una forma de separar las tres clases que apreciamos en la imagen de una forma lineal. Para poder separar estas tres clases necesitaremos una función *kernel* capaz de convertir esta figura en un espacio tridimensional. Supongamos que tenemos dicha función y la aplicamos, obteniendo la siguiente figura:

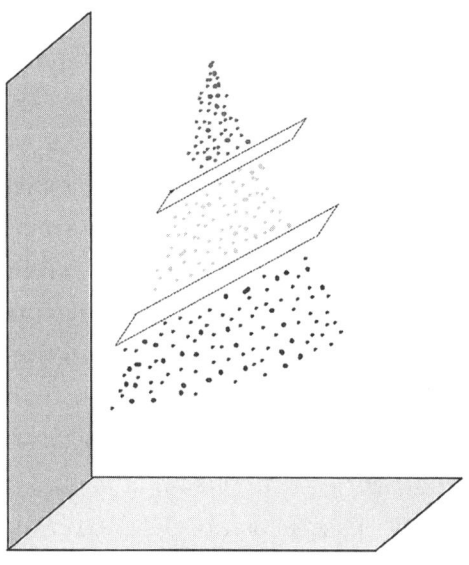

La figura muestra una especie de cono formado por los puntos de las diferentes clases. De esta forma se consiguen separar dichas clases con dos planos, esto es, transformamos un problema no lineal en un problema de clasificación lineal. Esto nos permite además identificar el margen óptimo de separación para clasificar los tres tipos de datos. Pero ¿qué es esta función *kernel* tan maravillosa? *A priori* podemos pensar que crear una nueva dimensión para filetear los datos debe ser complicado, pero no es así: una función *kernel* no es más que una modificación del producto escalar clásico. La denominación *kernel* se debe a que estas funciones se construyen asignando pesos a los diferentes componentes de cada vector. Pero esta no es la única función *kernel* que manejamos en las SVM: para establecer la estrategia de clasificación, es decir, la forma del plano de corte, emplearemos otra función *kernel* que puede ser de varios tipos. Pasamos a explicarlos sin adentrarnos en sus fórmulas y así conservar el carácter divulgativo de este libro.

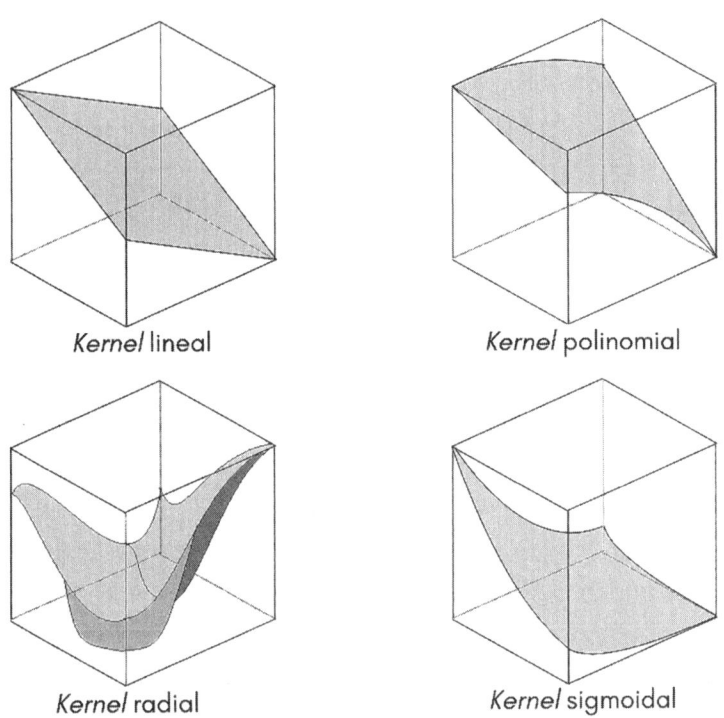

Kernel lineal

Kernel polinomial

Kernel radial

Kernel sigmoidal

— *Kernel* lineal: no es más que el producto escalar de vectores, no transforma el espacio de características.
— *Kernel* polinomial: aquí sí se transforma el espacio de características añadiendo dimensiones. Es una generalización del producto escalar.
— *Kernel* radial: en lugar de aplicar el producto escalar generaliza la distancia entre vectores. Se usa para modelar relaciones no lineales y complejas, dando lugar a una forma un poco amorfa con pliegues.

— *Kernel* sigmoidal: es otra generalización del producto escalar, en este caso, su tangente hiperbólica. Es capaz de generar relaciones complejas al igual que el *kernel* radial, pero presenta como desventaja la posibilidad de representar una función *kernel* no válida. Debe usarse con cuidado.

Ahora ya sabemos cómo funcionan las SVM, hemos visto que son capaces de transformar el espacio del conjunto de datos para convertir un problema complejo en simple. Esto que *a priori* las convierte en un algoritmo muy potente, eficiente y robusto tiene como desventaja su sensibilidad al ruido. Otro inconveniente es su complejidad a la hora de entender el hiperplano de corte, lo cual hace que no sea trivial comprender cómo la función *kernel* pliega el espacio de entrada. En estos casos, podemos hablar de un comportamiento de caja negra en este modelo. Pese a esto, el uso de las SVM está muy extendido en diversas ramas de la ciencia y la tecnología actuales.

Por lo que hemos comentado en este capítulo, puede parecer que las SVM son el único algoritmo capaz de clasificar los elementos de un conjunto de datos cuando dicha clasificación supone un problema no lineal, pero no es así. Volviendo al ejemplo de los datos distribuidos en círculos concéntricos, podríamos aplicar también el modelo k-NN explicado en el capítulo anterior, así como algunos de los modelos que vamos a conocer en el resto de capítulos que componen esta parte del libro. Sí que hay que destacar que, sobre todo en el caso de solapamiento entre clases, las SVM suelen dar un buen resultado proporcionando matrices de confusión con pocos falsos positivos y falsos negativos. Vamos a jugar con un conjunto de datos de ejemplo para ver cómo se comporta cada modelo y confirmar la afirmación de que las SVM tienen un buen rendimiento ante este tipo de problemas:

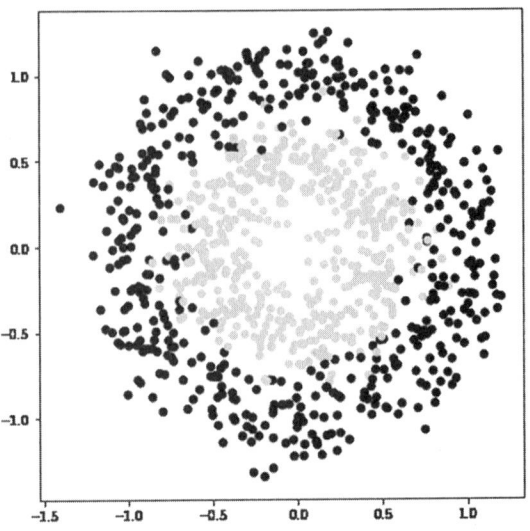

Hemos generado mil puntos pertenecientes a dos clases (0 y 1) y los hemos mostrado en una gráfica. Los datos forman dos círculos concéntricos, pero encontramos cierto solapamiento (no íbamos a poner las cosas fáciles a nuestros algoritmos). Como esto no lo hemos hecho en el capítulo anterior, vamos a comenzar mostrando cómo clasificaría estos puntos el algoritmo k-NN. Para realizar esta clasificación hemos probado con varios modelos empleando valores de k desde 1 hasta 10 y los hemos evaluado empleando validación cruzada (*cross validation*) con 4 particiones estratificadas, esto nos ha dado como resultado que el valor óptimo de k para este conjunto de datos es 7. Al aplicar este modelo obtenemos un *accuracy* o precisión de 0,95 y la siguiente matriz de confusión:

		CLASE PREDICHA	
		0	1
CLASE VERDADERA	0	92	7
	1	3	98

146

Observamos que la tasa de falsos positivos y falsos negativos es muy baja con respecto a los verdaderos positivos y verdaderos negativos (la diagonal de la matriz). Eso indica un buen funcionamiento.

Acabamos de hacer mención a un nuevo concepto, la VALIDACIÓN CRUZADA O *K-FOLD CROSS VALIDATION*, la cual consiste en realizar una división aleatoria de nuestro conjunto de datos en *k* conjuntos del mismo tamaño. Para ello, emplearemos k-1 de estos conjuntos para entrenar nuestro modelo y el conjunto que nos queda para evaluarlo. Este proceso lo repetiremos *k* veces para obtener la media del error de la estimación. Lo más habitual es escoger un valor de *k* igual a 5 o 10, pero no existe una teoría que indique que estos son los mejores valores. Otra opción muy común es dar a *k* un valor de 3 para hacer uso de la regla de los dos tercios. Al hacer particiones aleatorias, debemos hacer hincapié en asegurarnos de que la distribución de los valores de la variable objetivo sea similar, pues podemos obtener particiones sesgadas que nos den malos resultados.

Tras este pequeño inciso, veamos cómo se las apaña una SVM con el conjunto de datos de los puntos que forman dos círculos concéntricos. Optamos por dar una dimensión nueva con la intención de encontrar el hiperplano capaz de cortar ambas clases. A su vez, empleamos validación cruzada con 4 particiones para evaluar los diferentes parámetros de configuración de la SVM y nos quedamos con el modelo cuya configuración daba una mejor precisión, en este caso ha sido una precisión de 0,96 (un poquito mejor que el *k*-NN). Veamos su matriz de confusión:

		CLASE PREDICHA	
		0	1
CLASE VERDADERA	0	95	4
	1	4	97

Apreciamos que de nuevo la tasa de falsos positivos y falsos negativos es muy baja con respecto a la tasa de verdaderos positivos y verdaderos negativos. Incluso tiene menos falsos positivos y falsos negativos totales (la suma) que el algoritmo k-NN.

A lo largo de los siguientes capítulos seguiremos poniendo a prueba más algoritmos con este conjunto de puntos para poder comparar su desempeño.

XII. PROBABILIDAD E INGENUIDAD

«El hombre noble conserva durante toda su vida la
ingenuidad e inocencia propias de la infancia».

CONFUCIO

Anteriormente, hemos descrito clasificadores y regresores basados en la estadística, y en este capítulo vamos a definir un clasificador basado en la probabilidad condicionada de cada clase según sus atributos. A este algoritmo se le conoce como NAÏVE BAYES y su objetivo es maximizar las probabilidades de clasificación de nuevos elementos a partir de los existentes en su conjunto de entrenamiento.

El algoritmo de Naïve Bayes consiste en un clasificador probabilístico que se basa en el famoso teorema de Bayes. Este modelo fue creado por el matemático inglés Thomas Bayes (1701-1761) para intentar probar la existencia de Dios. Una vez más estamos ante un modelo de *machine learning* muy antiguo, para que luego digan que la inteligencia artificial es algo moderno que no hemos visto venir. Su término *naïve,* traducido al castellano como «ingenuo», se debe a la forma en la que analiza las variables del conjunto de datos: ignorando la correlación entre las variables que forman las características de cada clase.

Este algoritmo tiene como objetivo principal buscar la máxima verosimilitud del modelo, otorgando mayor importancia a aquellos eventos que tienen una gran relevancia en el conjunto de datos. Tanto este como el resto de métodos estadísticos estiman una serie de parámetros probabilísticos que expresan la probabilidad condicionada de cada clase dados los atributos de un elemento. Podemos combinar estos parámetros para asignar a nuevos elementos las clases que maximizan sus probabilidades. Por tanto, el corazón del algoritmo de Naïve Bayes es la probabilidad condicionada. Vamos a conocer mejor este concepto a través del siguiente conjunto de datos:

Pronóstico	Temperatura	Humedad	Viento	Jugar al bádminton
Lluvia	Calor	Alta	Débil	No
Lluvia	Calor	Normal	Fuerte	No
Lluvia	Calor	Alta	Fuerte	No
Lluvia	Calor	Normal	Débil	No
Lluvia	Frío	Normal	Fuerte	No
Lluvia	Frío	Alta	Fuerte	No
Lluvia	Frío	Alta	Débil	No
Lluvia	Frío	Normal	Débil	No
Lluvia	Templado	Normal	Fuerte	No
Lluvia	Templado	Normal	Débil	No
Lluvia	Templado	Alta	Débil	No
Lluvia	Templado	Alta	Fuerte	No
Nublado	Calor	Alta	Fuerte	No
Nublado	Calor	Normal	Fuerte	No
Nublado	Calor	Normal	Débil	Sí
Nublado	Calor	Alta	Débil	Sí
Nublado	Frío	Alta	Débil	Sí
Nublado	Frío	Normal	Fuerte	No
Nublado	Frío	Alta	Fuerte	No
Nublado	Frío	Normal	Débil	Sí
Nublado	Templado	Alta	Fuerte	No

Nublado	Templado	Alta	Débil	Sí
Nublado	Templado	Normal	Débil	Sí
Nublado	Templado	Normal	Fuerte	No
Soleado	Calor	Alta	Fuerte	No
Soleado	Calor	Normal	Fuerte	No
Soleado	Calor	Normal	Débil	Sí
Soleado	Calor	Alta	Débil	Sí
Soleado	Frío	Alta	Débil	Sí
Soleado	Frío	Alta	Fuerte	No
Soleado	Frío	Normal	Débil	Sí
Soleado	Frío	Normal	Fuerte	No
Soleado	Templado	Normal	Fuerte	No
Soleado	Templado	Alta	Fuerte	No
Soleado	Templado	Alta	Débil	Sí
Soleado	Templado	Normal	Débil	Sí

Nuestros datos son medidas tomadas sobre la meteorología con el objetivo de decidir si se puede jugar o no al bádminton. Si estudiamos la tabla, observamos que la probabilidad de que la clase sea Sí para jugar al bádminton es del 33,3% o, expresado en términos probabilísticos:

$$P(jugar\_al\_badminton = Sí) = \frac{12}{36} = \frac{1}{3}$$

Esto lo hemos obtenido dividiendo la cantidad de veces que aparece el valor Sí en la variable Jugar_al_bádminton (12), entre la cantidad de elementos del conjunto de datos (36). Del mismo modo calculamos que la probabilidad de que haga un tiempo soleado es también del 33,3%, esto es:

$$P(Pronóstico = Soleado) = \frac{12}{36} = \frac{1}{3}$$

Definimos la probabilidad condicional P(A|B) como la probabilidad de que ocurra un evento A si también sucede otro evento B. Esta probabilidad se expresa con la siguiente ecuación (esta vez mostraremos una ecuación, pero porque es muy sencilla y nos ayudará a comprender la probabilidad condicional):

$$P(A|B) = \frac{P(A \cap B)}{P(B)}$$

Esta ecuación indica que la probabilidad condicional de que ocurra un evento A si ocurre un evento B es igual a la probabilidad de que ocurran A y B dividido entre la probabilidad de que ocurra B. Empleando el ejemplo del bádminton, plantearemos la siguiente pregunta: de entre los días que se han clasificado como que se puede jugar al bádminton ¿Cuántos de ellos son soleados? Si acudimos a la tabla, obtenemos que de los doce eventos que aparecen como que sí se puede jugar al bádminton, 6 son días soleados. Por este motivo diremos que P(Soleado| Sí) = 6/12 = 1/2. Si aplicamos la ecuación de la probabilidad condicional nos queda de la siguiente forma:

$$P(Soleado|Sí) = \frac{P(Soleado \cap Sí)}{P(Sí)} = \frac{6/36}{12/36} = \frac{6}{12} = \frac{1}{2}$$

Este resultado cuadra con lo obtenido de manera intuitiva. Ahora que sabemos esto, podemos jugar con nuestra tabla para obtener las probabilidades condicionadas que se nos ocurran.

Tras describir la probabilidad condicionada, podemos afirmar que el algoritmo Naïve Bayes clasifica los nuevos elementos que encontramos (que llamaremos d) asignándoles la clase c que maximiza la probabilidad condicional de la clase.

Este algoritmo funciona con atributos descriptivos, no con atributos numéricos. Esto implica que, si en nuestro conjunto de datos tuviésemos algún atributo numérico, debemos hacer una transformación antes de poder aplicar Naïve Bayes. Por ejemplo, en el caso de edades o salarios podemos categorizar estos valores convirtiéndolos en intervalos discretos. Otra opción es crear diferentes columnas con valores 0 o 1 para cada intervalo.

Este algoritmo presenta problemas cuando en el conjunto de test encontramos una pareja <atributo, valor> que no existe en el conjunto de entrenamiento, ya que nunca encontraremos la probabilidad condicional asociada a este caso. Para cuando esto ocurre tenemos un truco, que consiste en aplicar una técnica de suavizado que nos permita hacer la predicción. Un ejemplo sería asignar como probabilidad condicional el valor P(clase)/ cantidad de elementos del conjunto de entrenamiento.

Naïve Bayes tiene como ventaja su simplicidad y gran eficiencia computacional. Es capaz de proporcionar resultados comparables a algoritmos mucho más sofisticados. Al no necesitar un gran entrenamiento es adecuado para conjuntos de datos con pocos registros. De hecho, este algoritmo se aprovecha de que en la mayor parte de los casos la clase correcta suele ser la más probable. Además, es muy rápido incluso cuando trabajamos con grandes cantidades de datos. Pero no todo son ventajas, para funcionar bien, Naïve Bayes asume que los diferentes atributos que representan un ejemplo son independientes entre sí, lo cual no siempre es cierto en el mundo real y puede requerir de un tratamiento previo de los datos para forzar esta condición. Otro problema serio son los conjuntos de datos con un número de instancias diferente para cada una de las clases, esto es, cuando los datos no están balanceados. En este caso, el algoritmo muestra un comportamiento sesgado debido a que clasificará los nuevos elementos dándoles las clases con mayor representación en el conjunto de entrenamiento. Una vez más estamos ante la aparición de sesgos en un algoritmo que solo hace uso de la probabilidad, demostrando de nuevo que los sesgos nunca están en el algoritmo, sino en los datos que escogemos para su entrenamiento.

Pero no podemos acabar este capítulo sin seguir jugando con nuestro ejemplo del conjunto de datos del bádminton, en el apreciamos un sesgo a favor de la clase No para jugar al bádminton. Vamos a mostrar en detalle cómo trabaja este algoritmo con nuestra tabla. Para ello organizamos los datos en pares <atributo, valor> para comprender mejor las probabilidades condicionales:

Atributo - Valor	Sí	No
Pronóstico - Lluvia	0/12	12/24
Pronóstico - Nublado	6/12	6/24
Pronóstico - Soleado	6/12	6/24
Temperatura - Calor	4/12	8/24
Temperatura - Templado	4/12	8/24
Temperatura - Frío	4/12	8/24
Humedad - Normal	6/12	12/24
Humedad - Alta	6/12	12/24
Viento - Débil	12/12	6/24
Viento - Fuerte	0/12	18/24

Ahora simularemos *cómo se comportaría el algoritmo para clasificar una nueva entrada en el juego de datos. Vamos a* determinar si podremos jugar al bádminton con una nueva situación meteorológica conociendo el pronóstico, la temperatura, la humedad y el viento. Para ello, comenzamos calculando las probabilidades de la clase:

$$P(c = \text{Sí}) = 12/36$$
$$P(c = \text{No}) = 24/36$$

Observamos el sesgo a favor de c = No. El siguiente paso sería calcular las probabilidades condicionadas, esto lo tenemos en la tabla con los pares <Atributo – Valor>. Con estos datos ya hemos finalizado el proceso de entrenamiento, que ha sido bastante sencillo. Ahora clasificaremos una nueva entrada: imaginemos que queremos saber si vamos a poder jugar al bádminton un día de primavera nublado, templado, con alta humedad porque ha llovido el día anterior y con un viento débil ¿Qué nos dirá nuestro algoritmo? Para saberlo vamos a actuar como lo haría nuestro algoritmo Naïve Bayes, ayud*ándonos de* la siguiente tabla:

	CLASE	PRONÓSTICO	TEMPERATURA	HUMEDAD	VIENTO	RESULTADO
P(c)	?	Nublado	Templado	Alta	Débil	
12/36	Sí	6/12	4/12	6/12	12/12	0,028
24/36	No	6/24	8/24	12/24	6/24	0,007

Para la clase «Sí» la probabilidad es:

$$\frac{12}{36} \cdot \left(\frac{6}{12} \cdot \frac{4}{12} \cdot \frac{6}{12} \cdot \frac{12}{12} \right) = 0{,}028$$

Para la clase «No» la probabilidad es:

$$\frac{24}{36} \cdot \left(\frac{6}{24} \cdot \frac{8}{24} \cdot \frac{12}{24} \cdot \frac{6}{24} \right) = 0{,}007$$

Como Naïve Bayes toma la clase con mayor verosimilitud, la clasificación nos da como resultado que s*í podemos jugar al bádminton.*

Este algoritmo se utiliza hoy en día en los sistemas de filtrado de SPAM, en clasificación de documentos, diagnóstico médico, detección de transacciones fraudulentas en banca..., pero sobre todo su uso está bastante extendido en la recomendación de productos en las plataformas de comercio electrónico, sugerencias de películas o series, etc.

Para finalizar el capítulo no debemos olvidarnos del ejemplo del conjunto de datos cuyo gráfico forma dos círculos concéntricos. ¿Qué tal se desenvolverá Naïve Bayes en el reto que propusimos en el capítulo de las SVM? Hemos puesto a prueba su desempeño entrenando este algoritmo con el conjunto de datos, tras entrenarlo nos ha dado una precisión de 0,96. Ha igualado el valor de precisión de la SVM. No nos quedemos solo en este valor y veamos su matriz de confusión:

		CLASE PREDICHA	
		0	1
CLASE VERDADERA	0	96	3
	1	5	96

La matriz de confusión muestra que existen falsos positivos y falsos negativos pero su número es muy bajo. Su desempeño en este ejemplo es similar al de las SVM, lo cual nos indica que, pese a su sencillez, Naïve Bayes es un algoritmo bastante capaz.

XIII. ÁRBOLES DE DECISIÓN

«Los árboles tienen una vida secreta que
sólo les es dado conocer a los que se trepan a ellos».
REINALDO ARENAS

Puede que al haber hablado ya de recorridos de árboles en el capítulo siete pensemos que en este capítulo vamos a repetir conceptos y algoritmos, todo lo contrario: los árboles de decisión tienen un comportamiento diferente a los descritos anteriormente y bien merecen unas líneas.

Un árbol de decisión es un algoritmo supervisado no-paramétrico, que puede usarse como clasificador o como regresor (para predecir un valor numérico). Su estructura es la misma que la de los árboles que describimos anteriormente: consta de un nodo raíz, del que parten las ramas con nodos internos que se irán ramificando hasta llegar a los nodos hoja finales. Estamos ante uno de los algoritmos más estudiados, aunque no precisamente por su capacidad predictiva, la cual es muy discreta. Los árboles de decisión generan unos modelos fácilmente interpretables ya que explican en detalle las decisiones tomadas. Esto es de gran utilidad a la hora de comprender nuestro conjunto de datos etiquetado y conocer por qué un elemento pertenece a una clase y no a otra. Pese a no proporcionar una gran precisión, los árboles de decisión se usan mucho en el sector bancario para predecir qué producto se debe ofrecer a un cliente o si se puede conceder un crédito a una persona. También los encontramos en las compañías aseguradoras para hacer las estimaciones de las primas de seguros que se van a cobrar a los asegurados. Otra aplicación es el diseño de aplicaciones informáticas.

Los árboles de decisión fueron descritos por primera vez en 1984 por Leo Breiman, Jerome Friedman, Richard Olshen y Charles Stone en su libro *Classification and Regression Trees* (Leo Breiman, 1984), en el que proponen la denominación CART para los árboles de clasificación y regresión.

El objetivo de los árboles de clasificación es subdividir el conjunto de datos para generar diferentes regiones, cada una de las cuales solo tenga elementos de una misma clase. Si tenemos una región con elementos de diferentes clases, esta región se subdividirá en regiones más pequeñas para separarlos. Este proceso se irá repitiendo hasta lograr particionar todo el espacio de entrada en regiones que únicamente contengan elementos de una clase. Esto no siempre es posible, por lo que decimos que un árbol de decisión es completo o puro si cada subregión solo contiene elementos de una misma clase. ¿Cuándo no es posible tener un árbol de decisión completo? Cuando tenemos elementos idénticos etiquetados con clases diferentes, en estos casos debemos estudiar bien los datos para decidir si son errores o si son casos que realmente deben ser tratados de manera separada.

A diferencia de los árboles que hemos recorrido en el capítulo siete, los nodos de los árboles de decisión representan cosas diferentes dependiendo de su ubicación. Podríamos decir que los nodos interiores, incluyendo la raíz, se comportan de una forma similar a un diagrama de flujo: representan condiciones que nos permiten decidir a qué subregión va el elemento que ha llegado al nodo. Mientras que los nodos hoja o terminales representan las regiones etiquetadas de acuerdo con una clase. Podemos encontrar ramas más cortas que otras, un árbol de decisión no tiene por qué ser simétrico. Su profundidad máxima vendrá determinada por el mayor número de condiciones que necesitemos resolver para llegar a una hoja. Al poder ser asimétrico tiene sentido hablar de profundidad media, concepto que se obtiene ponderando la profundidad de cada hoja respecto al número de elementos del conjunto de entrenamiento que contiene dicha hoja.

Un árbol de decisión es una secuencia de condiciones que se van interrogando con los datos de entrada, tomando decisiones parciales que nos van moviendo de rama en rama y que se van repitiendo hasta llegar a una hoja, donde obtendremos el resultado que buscamos.

Para entenderlo mejor, es como si estuviéramos ante una partida del juego de mesa *¿Quién es quién?*, en el que vamos haciendo preguntas a nuestro contrincante sobre las características del personaje que deseamos descubrir y vamos descartando aquellos elementos de nuestro conjunto de datos que no se adecúan a las respuestas. De forma análoga, el árbol de decisión va haciendo preguntas a un nuevo elemento sobre sus atributos para acabar determinando que esa mujer de cabello pelirrojo, gafas y sombrero es Claire.

Para comprender cómo se construye y funciona un árbol de decisión, usaremos el ejemplo del partido de bádminton del capítulo anterior. Antes de usar los datos, debemos hacer una transformación de los datos categóricos en diferentes columnas para facilitar el funcionamiento del árbol. Es muy importante tener esto en cuenta porque para cada modelo se deben estudiar bien los datos y adaptarlos. Nunca entrenamos un modelo supervisado metiéndole un conjunto de datos a lo loco sin tratar. Veamos cómo ha quedado la tabla después de transformarla:

Play Bádminton	PRONÓSTICO			TEMPERATURA			HUMEDAD		VIENTO	
	Nublado	Lluvia	Soleado	Frío	Calor	Templado	Alta	Normal	Fuerte	Débil
Sí	1	0	0	1	0	0	1	0	0	1
No	0	0	1	0	0	1	0	1	1	0
No	0	1	0	0	0	1	0	1	1	0
Sí	0	0	1	1	0	0	1	0	0	1
No	0	0	1	1	0	0	1	0	1	0
No	0	0	1	0	0	1	1	0	1	0
No	0	1	0	1	0	0	0	1	1	0
No	0	1	0	1	0	0	1	0	1	0
No	0	0	1	0	1	0	1	0	1	0
No	0	0	1	0	1	0	0	1	1	0

Ahora, los datos, en lugar de aparecer en una fila como texto se encuentran como columnas con valores 0 para No y 1 para Sí, haciendo mucho más comprensibles los valores descriptivos para los árboles de decisión. Una vez que los datos están bien organizados, generamos el árbol de decisión entrenado con dichos datos:

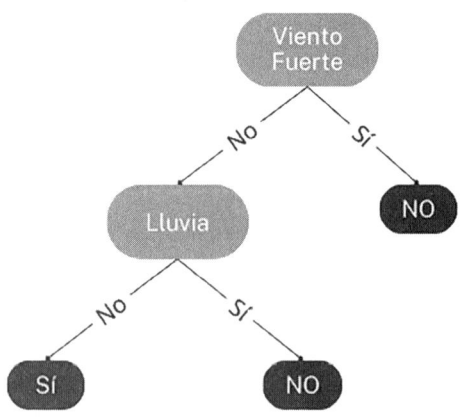

Nos encontramos con un árbol muy sencillo de comprender, pero al observarlo con detenimiento nos damos cuenta de que solo trata los parámetros de viento fuerte y lluvia. ¿Qué ha ocurrido con el resto de parámetros? ¿Estamos ante un error? Aunque pueda parecerlo, no es ningún error. El algoritmo ha determinado que los parámetros que echamos de menos (como los relativos a humedad y temperatura, así como el pronóstico nublado o soleado o el viento débil) no son relevantes para tomar la decisión de jugar o no al bádminton. Ya tuvimos pistas de esto en el capítulo anterior cuando construimos la tabla <atributo, valor>, pues los valores de humedad y temperatura nos daban las mismas proporciones para todas sus opciones. Nuestro modelo ha simplificado el problema tomando solo los atributos relevantes; en este caso, la profundidad máxima de nuestro árbol es dos. La primera condición (Viento fuerte) nos genera dos regiones, de las cuales una contiene exclusivamente elementos de la clase No, por lo que no es necesario continuar dividiéndola. La otra región la divide de acuerdo a una segunda condición (Lluvia) que nos crea dos regiones puras con elementos de las clases Sí y No.

El algoritmo que utilizamos para construir los árboles de decisión suele emplear varios criterios:

— CRITERIO DE PARADA: indica cuándo el algoritmo debe dejar de subdividir nodos. Normalmente se para cuando ya no quedan nodos por particionar, generando el árbol completo, pero podemos encontrar conjuntos de datos muy complejos en los que obtener el árbol completo sea muy costoso y debamos parar antes.

— CRITERIO DE CLASIFICACIÓN: indica qué clase se asigna a cada nodo hoja. Se emplea la clase o el número que minimicen el error, dependiendo de si estamos haciendo una clasificación o una regresión. Si una hoja solo tiene elementos de una clase se le asignará dicha clase. Pero si tenemos un criterio de parada y nos debemos detener en el nivel del nodo que estamos evaluando, le asignaremos su clase mayoritaria.

— CRITERIO DE SELECCIÓN: se emplea para decidir qué nodo seleccionamos para ser particionado. Este criterio es una combinación de aspectos relativos al nivel de impureza de las hojas (la cantidad de clases que encontramos en cada hoja), la cantidad de elementos del conjunto de entrada que contiene o la profundidad en la que se encuentra dentro del árbol. Si nuestra intención es generar el árbol completo, no tiene importancia, pero resulta crítico si vamos a establecer un criterio de parada. Lo más habitual es tomar el nodo más impuro.

— CRITERIO DE PARTICIÓN: es el que decide en cuántos subnodos se particiona un nodo del árbol. Lo normal es que los árboles de decisión sean árboles binarios, con dos particiones por nodo. Los árboles binarios tienen como ventaja que el criterio de partición es muy simple y se genera un árbol fácil de interpretar. Profundizando, podemos decir que el criterio de partición combina cómo se construye el hiperplano de separación de las clases y la posición del espacio en la que se sitúa dicho hiperplano. Podemos construir hiperplanos ortogonales, escogiendo en cada nodo una única variable para decidir la clase a la que pertenece un elemento, pero también podemos optar por usar hiperplanos oblicuos. Los hiperplanos oblicuos no solo son más costosos de obtener, sino que además dificultan la comprensión del árbol de decisión e incluso pueden hacer que este sea incapaz de generalizar cuando se encuentre un dato que no ha visto nunca. A cambio, un hiperplano oblicuo puede mejorar los resultados de precisión de nuestro árbol. Sobre la elección de la posición del hiperplano podemos pensar que es buena idea escoger aquella que minimiza el error cometido por el árbol de decisión, pero no es recomendable hacerlo, siendo preferible que nos basemos en criterios como la impureza del árbol para obtener mejores resultados.

Hemos mencionado antes que podemos tener conjuntos de datos muy complejos que generen árboles de decisión muy grandes. Tener un árbol de decisión con una gran profundidad y un gran número de nodos no solo es un problema por los recursos consumidos para generarlo y recorrerlo, además, estos árboles presentan problemas de sobreentrenamiento y son incapaces de clasificar nuevos datos que no estuvieran en el conjunto de datos con el que fueron entrenados. Para resolver este problema no nos queda otra opción que podar, ya hemos hablado de la poda en árboles en el capítulo siete y sabemos que consiste en eliminar aquellas hojas que no son necesarias (en este caso, serán las que provoquen el sobreentrenamiento). Para los árboles de decisión, una vez creado el árbol completo, se busca la partición que aporta menor ratio entre incremento de profundidad media del árbol y decremento del error global de clasificación. En resumen, se cortan las ramas que menos mejoran el árbol.

Al inicio de este capítulo hemos indicado que los árboles de decisión no son los mejores algoritmos de clasificación, pero esto no los exime de tener ventajas que los hagan interesantes. Ya hemos visto cómo nos ayudan a evaluar la relevancia de las variables de nuestro conjunto de datos a la hora de determinar la clase de los elementos, así como lo sencillo que es interpretar su resultado. También pueden combinar variables categóricas y numéricas en un mismo modelo con la característica de que, aunque escalemos los datos, los resultados serán los mismos. Pese a esto, siempre es recomendable normalizar y adaptar los datos antes de usarlos. Ante conjuntos de datos con valores vacíos o nulos, pueden trabajar empleando condiciones alternativas (que llamamos *surrogate splits*). Pero quizá una característica importante es que podemos reducir su implementación práctica a un conjunto de reglas fácilmente aplicables mediante sentencias *if-then-else* (muy empleadas en programación tradicional).

Una de las principales desventajas de los árboles de decisión es que pueden tener una construcción muy costosa, como hemos visto, que puede necesitar de un proceso adicional de poda tras la obtención del árbol completo. Esto implica un consumo de recursos que puede llegar a ser alto. Además de eso, un árbol de decisión puede presentar particiones muy desequilibradas, generando hojas con pocos elementos junto a otras con muchos. Esto daría lugar a árboles demasiado profundos que acaban fragmentando en exceso los datos creando regiones muy pequeñas y poco representativas. Para solucionarlo, se suelen imponer unos requisitos mínimos a la hora de dividir los nodos para que las divisiones sean equilibradas. Otro problema posible sería encontrarnos con una rama de la que parte una secuencia de nodos cuyas condiciones afectan a distintos valores de una misma variable. Esto ocurre cuando la variable escogida tiene una relación no lineal con la variable objetivo. Para atajar esto se debe analizar el conjunto de datos, estudiando la distribución de dicha variable para transformarla de manera que no nos dé problemas. Esto refuerza la recomendación de realizar siempre un análisis previo de los datos antes de usarlos para evitar estas situaciones. En otros casos, pueden existir conjuntos de datos cuyas variables tienen una estructura que hace imposible la clasificación de los mismos mediante cortes ortogonales o con hiperplanos. Aquí es recomendable actuar como lo hemos hecho en nuestro ejemplo: obtener nuevas variables transformando los datos para hacer posible la clasificación. Finalmente, debemos recalcar que los árboles de decisión son muy sensibles a los valores *outliers*, estos valores extraños que pueden ser reales o deberse a ruido (errores de introducción o de captura de datos) impedirán que nuestro árbol pueda generalizar y tomar buenas decisiones.

Ahora que ya conocemos los árboles de decisión, vamos a ver qué tal se desenvuelve uno de ellos con nuestro conjunto de datos de puntos. No podíamos cerrar este capítulo sin poner a prueba este algoritmo como hemos hecho anteriormente con otros, así que hemos construido diferentes árboles modificando los parámetros de máxima profundidad y la cantidad de muestras mínimas por partición, los hemos puesto a prueba y hemos hecho una validación cruzada para escoger el mejor. En nuestro caso, hemos tomado una profundidad máxima de 7 y un número mínimo de muestras por partición de 40, con estos parámetros hemos obtenido una precisión de 0,92 y la siguiente matriz de confusión:

		CLASE PREDICHA	
		0	1
CLASE VERDADERA	0	89	10
	1	6	95

La verdad es que, si bien no son malos resultados, su comportamiento ha sido considerablemente inferior al de otros modelos que hemos descrito en capítulos anteriores. Es notable la mayor tasa de falsos positivos y negativos frente al resto de algoritmos que ya conocemos. De todas formas, no olvidaremos los árboles de decisión por mucho tiempo porque volveremos a hablar de ellos más adelante en este libro.

XIV. LAS MÁS POPULARES:
LAS REDES NEURONALES

«Ninguna de tus neuronas sabe quién eres... ni le importa».

EDUARD PUNSET CASAL

Mucho se ha hablado de las redes neuronales. Hoy en día, están en boca de todos y esto nos ha creado la falsa creencia de que son el más moderno y potente de todos los modelos. En este capítulo, las conoceremos mejor y seremos capaces de desmentir muchos mitos y falsas expectativas que se han creado alrededor de ellas.

Sobre la creación de las redes neuronales hemos dado pinceladas en el capítulo uno dedicado a la historia de la inteligencia artificial, pero faltaba explicar qué son y ponerlas en contexto. Nos referimos a un grupo de algoritmos que constituye un pequeño subconjunto dentro de lo que conocemos como *machine learning* o modelos de aprendizaje automático. De hecho, en este libro estamos viendo que son un subconjunto dentro del subconjunto de algoritmos de IA conocidos como modelos supervisados. Como su nombre nos hace sospechar, la estructura de las redes neuronales está basada en las neuronas que encontramos en los cerebros animales y en la forma en la que estas se comunican entre sí.

Las redes neuronales artificiales se forman por capas de nodos, las neuronas, que comienzan por una capa de entrada cuya dimensión se corresponde con la cantidad de atributos del conjunto de datos que le vamos a introducir. Es importante recalcar que, antes de diseñar nuestra red neuronal, realizamos un estudio del conjunto de datos, para emplear solo aquellos atributos relevantes y adaptarlos para que puedan ser procesados. A la hora de construir una red neuronal, no tomamos al azar una arquitectura de red de las existentes, le metemos el conjunto de datos a lo bruto y el modelo nos da unos resultados. Esto es una creencia muy extendida pero totalmente falsa. Cuando queremos hacer una clasificación o una regresión de un conjunto de datos, primero analizamos bien nuestros datos, sean del tipo que sean (imágenes, textos, tablas de datos, sonidos, etc.). Una vez conocemos bien el conjunto de datos, lo dividiremos en un subconjunto de entrenamiento, un subconjunto de test y un subconjunto de validación; todo ello evitando generar sesgos en estos. Una vez tenemos los datos preparados, diseñamos la arquitectura de red neuronal más adecuada para el problema que deseamos resolver. Este diseño es muy complejo y veremos que existen diferentes tipos de arquitectura dependiendo del tipo de datos a analizar.

Hecha esta puntualización sobre los datos de entrada, continuemos con la definición general de la red neuronal artificial. La capa de entrada se conectará con una o varias capas ocultas, cuya cantidad determinará la profundidad de la red neuronal artificial, y finalmente encontramos una capa de salida. La capa de salida tendrá tantos nodos como diferentes opciones de salida tenga nuestra red neuronal. Por ejemplo, si queremos hacer una clasificación de una flor en tres especies, nuestra red neuronal tendrá tres nodos de salida. Tras esta explicación llena de puntualizaciones, mostremos un esquema general para comprender mejor cómo son las redes neuronales:

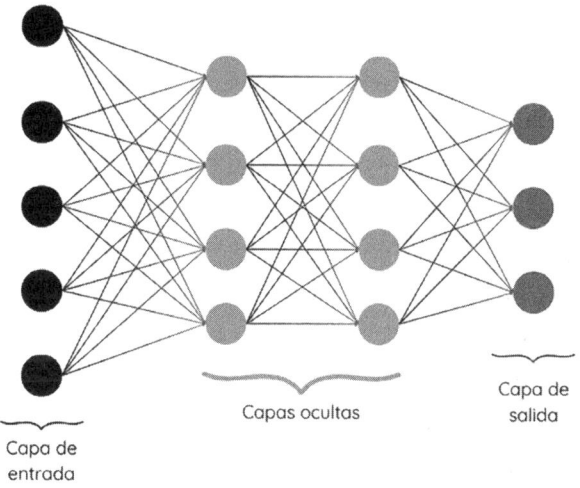

Capas ocultas

Capa de
salida

Capa de
entrada

Observamos que cada nodo o neurona de una capa se conecta a los nodos de la capa siguiente, generándose vínculos que nos llevan hasta la capa final que será la que nos dé el resultado. Dicho de un modo muy resumido, las redes neuronales relacionan entradas con salidas, esto es, unen los datos de entrada con el resultado del algoritmo sobre dichos datos. Podríamos afirmar que hacen una aproximación de la función $f(x) = y$, donde x es el conjunto de datos de entrada y donde y sería el resultado del algoritmo. Llamarlo aproximación es muy acertado debido a que, aunque diseñemos una red neuronal muy buena, resulta prácticamente imposible que acierte el 100 % de los nuevos casos que se le presenten, existiendo siempre una probabilidad de error, que será más pequeña cuanto mejores sean el modelo elegido y su entrenamiento.

En el esquema vemos las neuronas conectadas, pero ¿cómo se comportan? ¿Se limitan a pasar información de un nodo a otro? Las neuronas que componen la red neuronal artificial, aunque son sencillas, no consisten en meros transmisores de información. Cada neurona de la red aplica una función determinada a los valores que le entran de las capas anteriores, generando un nuevo valor que envía a las neuronas de las capas posteriores. Entendámoslo con un esquema:

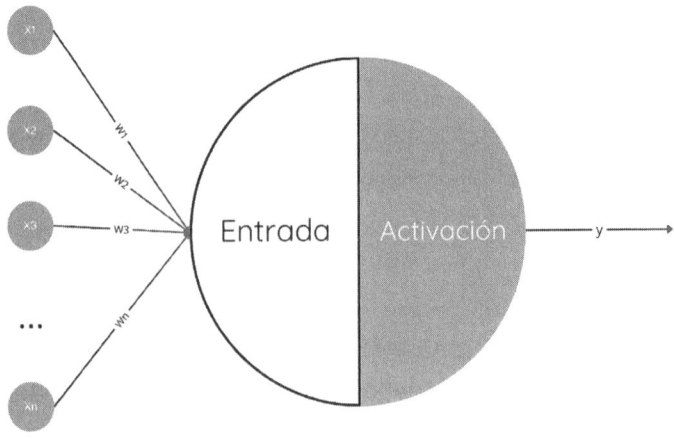

La neurona recibe un conjunto de entradas, que expresaremos como $X = \{x_1, x_2, x_3, ..., x_n\}$. Cada entrada, además, tiene un peso (w_i) que determina su importancia, por lo que a la neurona le entrará el valor generado por cada neurona anterior multiplicado por su peso. De este modo, discriminamos las salidas de aquellas neuronas menos relevantes y potenciamos el uso de las neuronas con mayor valor. La neurona combina esas entradas aplicando lo que conocemos como *función de activación*, que nos dará un valor de salida y, que será lo que se envíe a las neuronas de la capa siguiente o lo que se nos dé como resultado final si nuestra neurona está en la última capa de la red neuronal.

Para alimentar la función de activación de la neurona antes debemos combinar las entradas y sus pesos. Existen varias formas de hacerlo, dependiendo de los datos con los que estemos trabajando, pero lo más habitual es hacer una suma de los valores de entrada multiplicados por sus pesos. Ahora ya tenemos un único valor de entrada sobre el que aplicaremos la función de activación, también llamada función de transferencia. La importancia de esta función es mantener el valor de salida de la neurona dentro de un cierto límite, pues si nos limitásemos a transferir el valor de entrada entre las neuronas de las capas, este iría creciendo de manera lineal y dificultaría la realización de aproximaciones. Conozcamos algunas de las funciones de transferencia que más se usan:

— FUNCIÓN ESCALÓN: esta función nos devuelve 1 si el valor de entrada es mayor o igual que un valor umbral que hemos determinado para la función de activación y nos devuelve -1 si el valor de entrada es menor que dicho valor umbral. Esto nos proporciona una salida binaria del tipo {-1, 1}, aunque también es habitual emplear los valores {0, 1}. Esta función se suele usar para clasificar o para cuando necesitamos salidas de tipo categórico {si, no}, pero no es adecuada para aquellos casos en los que deseamos predecir un valor numérico o hacer un suavizado de los datos de entrada. ¿Os acordáis de cuando hablamos del perceptrón en el capítulo uno? Esa primera neurona empleaba esta función para trabajar.

— FUNCIÓN LINEAL: esta función nos va a permitir generar combinaciones lineales de las entradas de la neurona. Su forma más básica consiste en multiplicar la entrada por un valor β que establezcamos.

— FUNCIÓN LOGÍSTICA O SIGMOIDE: debe su nombre a su forma característica de S. Es una función diferenciable y monótona que, además, presenta la particularidad de que su razón de cambio es mayor en los valores intermedios y menor en valores extremos. Otro rasgo importante es que se trata de una función no lineal, por lo que, al ser usada en redes neuronales, la propia red se comporta como una función no lineal compleja. Esto hace que el proceso de aprendizaje de nuestra red consista en el ajuste de los coeficientes de dicha función no lineal, aproximándose a los datos del conjunto de entradas. Su mayor ventaja reside en su suavidad a la hora de separar las salidas, pero tiene la desventaja de que se satura cuando los valores de entrada son altos y ralentiza el aprendizaje.

— FUNCIÓN TANGENTE HIPERBÓLICA: también conocida como tanh, es una función de activación simétrica y continua cuya salida se encuentra siempre dentro del intervalo [-1, 1]. Esta función es no lineal, al igual que la sigmoide, por

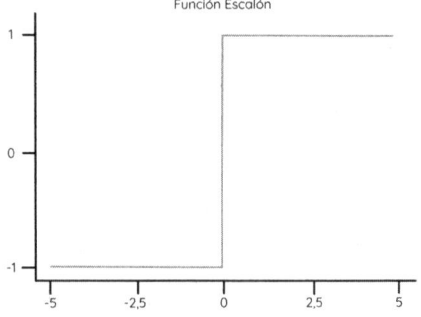

Función Escalón

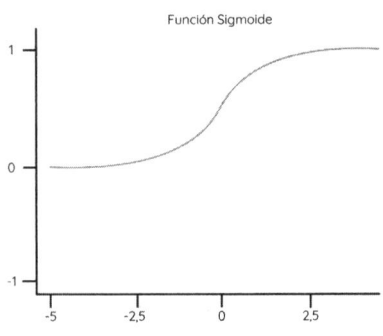

Función Sigmoide

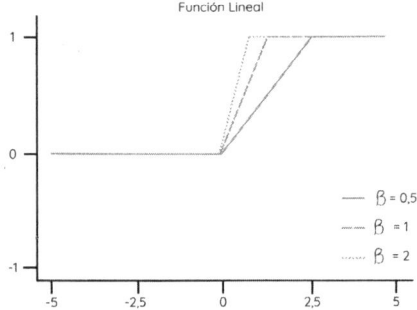

Función Lineal

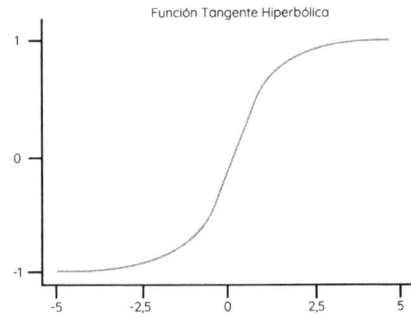

Función Tangente Hiperbólica

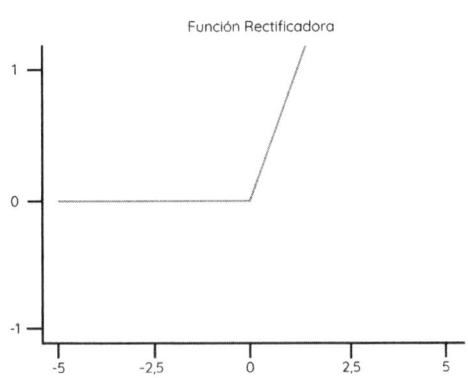

Función Rectificadora

lo que tiene las ventajas de las funciones no lineales que hemos descrito en el punto anterior. A su vez, muestra un buen desempeño en las arquitecturas de redes recurrentes. Veamos cómo es su gráfica.

— FUNCIÓN RECTIFICADORA O RELU: esta función solo toma los valores mayores de cero que le entran, anulando los valores negativos. También es conocida como «función rampa» y es equivalente a la rectificación de media onda que se emplea en ingeniería eléctrica. No presenta cota superior y su salida no es binaria, nos proporciona un valor de salida dentro del intervalo formado por 0 e infinito. Es una función muy usada al permitir un mejor entrenamiento en redes neuronales profundas (X. Glorot, 2011), siendo especialmente buena para trabajar con imágenes. Su gráfica se prolongaría hacia arriba indefinidamente al no estar acotada:

Ya conocemos cómo es la neurona por dentro, ahora nos toca conocer cómo se organizan en las diferentes capas que componen la red neuronal artificial junto con los parámetros que las configuran.

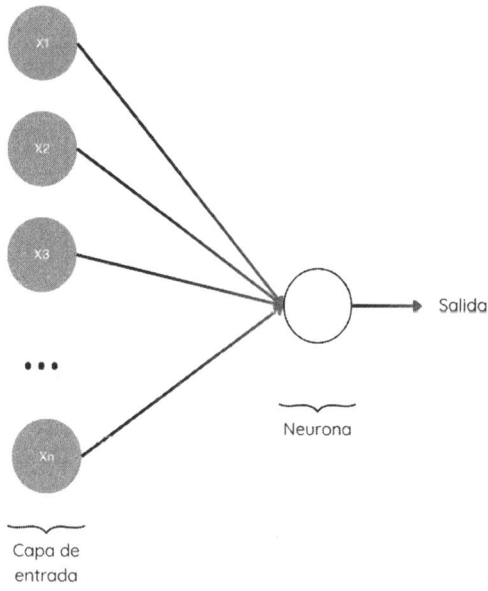

173

Todo esto compone lo que conocemos como arquitectura de la red neuronal. Existen muchos tipos de arquitecturas, cada uno adaptado al problema concreto al que quiere dar solución la red neuronal. Por tanto, dependiendo de lo que deseemos hacer, necesitaremos una composición diferente de las capas de neuronas, sus conexiones y profundidad. Esto marcará el buen desempeño de nuestra red neuronal y también los recursos que esta necesitará para poder entrenar y funcionar.

La arquitectura más sencilla que encontramos es aquella formada por una capa de entradas conectadas a una única neurona, la cual nos proporcionará una salida única. Esta red tan simple equivaldría a un modelo de regresión lineal como los descritos en el capítulo nueve. Veamos un esquema de dicha arquitectura:

Dando un paso más en cuanto a complejidad en arquitectura, nos encontramos con la arquitectura monocapa, que se caracteriza por tener la capa de entrada, una capa oculta de neuronas y la capa final de salida con tantas neuronas como clases deseemos obtener. Comparadas con las redes de una sola neurona, las redes monocapa son capaces de trabajar con conjuntos de datos más complejos. Veamos un esquema de cómo serían con una salida para hacer regresión y varias para hacer clasificación:

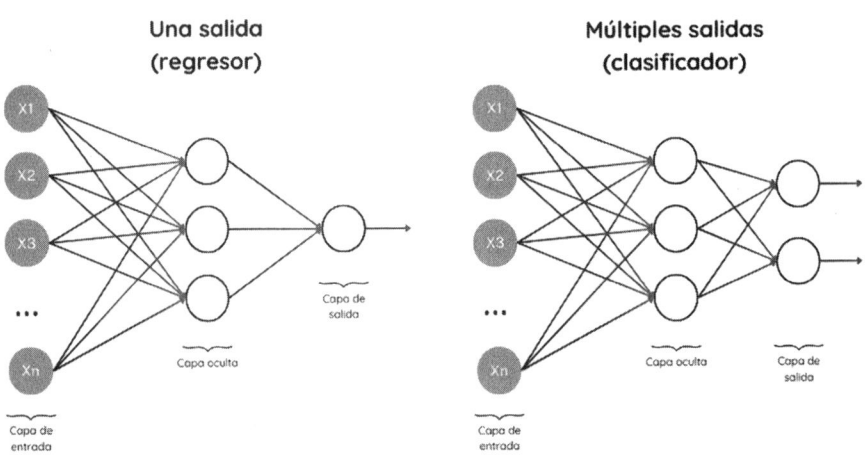

Nos asalta la duda, ¿cómo saber cuántas neuronas poner en la capa oculta? Esta cantidad dependerá de la capacidad de clasificación y procesamiento que busquemos, pero no debemos pasarnos porque, si ponemos demasiadas, el modelo puede perder la capacidad de generalizar y funcionar bien ante un nuevo elemento que no estaba en su conjunto de entrenamiento. La verdad es que ajustar esta cantidad no es un asunto trivial y encontrar el número de neuronas adecuado puede llevarnos mucho tiempo de ensayo y error.

Tras conocer estas arquitecturas podemos darnos cuenta de que actualmente se ven muchos modelos con muchas más capas, los encontramos en una gran cantidad de artículos científicos y en noticias de ciencia. Esto se logra añadiendo una cantidad indefinida de capas ocultas, con lo que tendremos una ARQUITECTURA DE REDES MULTICAPA. Al añadir más capas, aumentamos la idoneidad y precisión de la predicción, pero también aumentamos el consumo de recursos, alargamos el tiempo de entrenamiento y, una vez más, podemos perder su poder de generalización y adaptación a un entorno cambiante con situaciones que no estaban en el conjunto de entrenamiento. Veamos cómo se sería esta arquitectura multicapa:

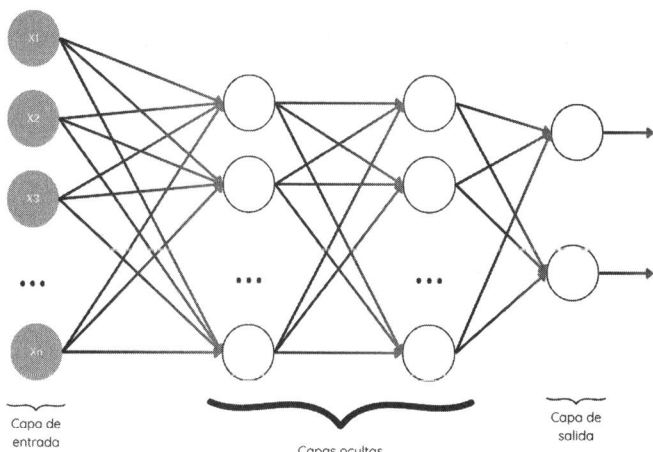

Capa de entrada

Capas ocultas

Capa de salida

Debemos tener en cuenta que se han hecho esquemas muy sencillos para ilustrar y dar a conocer las arquitecturas de redes neuronales. En la realidad, estos esquemas se complican bastante dando lugar a una gran variedad de modelos, entre los que podremos encontrar algunos con capas intermedias de procesado de imágenes, otros con bucles, etc. Según avancemos en este capítulo iremos aumentando la complejidad en los tipos de redes neuronales.

Tras aclarar los conceptos básicos de la red neuronal, imaginemos que queremos diseñar una para resolver un problema. Debemos tener en cuenta tres factores:

— La cantidad de elementos de la capa de entrada: para ello, al igual que hicimos en el capítulo nueve en la regresión, debemos escoger solo aquellos atributos del conjunto de datos que sean relevantes para determinar el valor o la clase que queremos predecir. De hecho, podemos hacer un modelo de regresión que nos indique la relevancia de los atributos y nos ayude a escoger el mínimo número de elementos que determinen el resultado.

— La cantidad de nodos en la capa de salida: ya hemos explicado que esto depende de si estamos haciendo un regresor, para lo que tendremos una salida, o si estamos construyendo un clasificador, para lo que tendremos tantos nodos de salida como clases queramos obtener. En el caso del clasificador, la salida puede dar un valor 1 para la clase a la que pertenecen los datos de entrada y 0 para el resto, pero también existe la opción de tener salidas difusas que nos devuelvan el porcentaje de pertenencia a cada clase de los datos de entrada. Esto puede ser muy interesante para detectar valores intermedios y trabajar con ellos.

— El número de capas ocultas y su topología: hemos mencionado anteriormente que una mayor cantidad de capas puede mejorar su capacidad de predecir, disminuyendo la posibilidad de caer en lo que conocemos como mínimo local: una solución buena a nuestro problema a pesar de no ser la óptima. Pero tiene desventajas, como hacer que la red se especialice demasiado en los datos de entrada y no sea capaz de generalizar, además de aumentar el tiempo necesario para el aprendizaje, obteniendo entrenamientos mucho más lentos. Algo similar ocurre con la cantidad de neuronas que empleamos en cada capa. Estos factores son muy importantes porque podemos pasar de tener una red neuronal capaz de entrenar en un ordenador doméstico en un tiempo aceptable a tener una red neuronal que tarde días en entrenar en un equipo especializado con varias GPUs potentes trabajando en paralelo. Una regla muy usada para decidir el número de neuronas en las capas ocultas es hacer que dicho número se encuentre entre una y dos veces el número de entradas que tiene nuestra red, con esto haremos una primera prueba e iremos aumentando o disminuyendo hasta que el desempeño de la red sea bueno, evitando la sobreespecialización. Sobre la topología de la red, debemos indicar que esta depende mucho del tipo de datos con el que estemos trabajando, tendremos topologías que funcionan muy bien con imágenes, otras que funcionan bien con lenguaje (generación de textos, por ejemplo), con música, etc. El diseño de la topología y la elección del número de capas y neuronas de la red neuronal es la labor más complicada. Por este motivo, es recomendable no tratar de inventar la rueda, siendo preferible buscar en artículos científicos las arquitecturas y topologías de red empleados para resolver problemas similares al nuestro y adaptar sus capas de entrada y salida para que funcionen con nuestros datos.

Imaginemos que tenemos ya nuestra red neuronal diseñada y construida, el siguiente paso es entrenarla. Para ello conozcamos mejor en qué consiste el proceso de entrenamiento de una red neuronal artificial. El aprendizaje de una red neuronal se basa en el ajuste de las siguientes variables:

— Los pesos de los valores de entrada de cada una de las neuronas.
— El valor umbral de la función de activación de la neurona.
— El sesgo de la neurona, consistente en un valor que se da a cada neurona para proporcionarle una mayor o menor importancia dentro de la red y así afinar el comportamiento.

Estos valores se deben ajustar durante el proceso de entrenamiento para minimizar el error de nuestra red neuronal, entendiendo como error la diferencia entre el resultado proporcionado por la red neuronal ante un elemento del conjunto de entrenamiento y el resultado real de dicho elemento. Por tanto, cuando entrenamos una red neuronal, tomamos cada uno de los elementos del conjunto de entrenamiento, probamos con sus datos la red neuronal y comparamos la salida de la red con la salida que debería dar (lo que conocemos como etiqueta). Con esa diferencia que obtenemos entre el valor real y predicho, multiplicado por una constante llamada TASA DE APRENDIZAJE, ajustamos los pesos de los valores de entrada. La tasa de aprendizaje la decidimos nosotros antes de iniciar el proceso. Deducimos que este aprendizaje tiene sentido en las redes con una sola capa, pero ¿cómo hacemos que funcione cuando tenemos varias capas? Para eso debemos recordar un concepto que mencionamos en el capítulo uno que fue decisivo para poder usar y desarrollar redes neuronales: la retropropagación.

En las redes neuronales con varias capas ocultas sucede que, en dichas capas, no conocemos la solución que debe dar la red. Por tanto, comparar esa salida incompleta con la salida que debe dar la red neuronal en capas posteriores carece de sentido. Lo que hace la retropropagación es tomar el error de la capa de salida, lo que sería el error total de la red neuronal, y lo va propagando desde las capas de salida hacia las capas de inicio para ir calculando los valores de los pesos de las neuronas de las capas ocultas. Todo ello ponderado por el valor de la tasa de aprendizaje. Este algoritmo hace que el error se propague de manera proporcional a la relevancia que ha tenido cada neurona de las capas ocultas en el error global de la red neuronal.

Ya tenemos la red neuronal y su aprendizaje, puede parecer que ya podríamos ponerla a trabajar y empezar a ver resultados, pero por desgracia no es tan fácil. Nos falta optimizar el proceso de aprendizaje para que se adapte como un guante a lo que queremos conseguir. Esta optimización es necesaria para mejorar la capacidad de predicción de nuestra red neuronal, reducir su tiempo de entrenamiento y evitar el sobreentrenamiento. Existen múltiples técnicas para realizar estas optimizaciones, y solemos aplicar varias de ellas a la vez para obtener mejores resultados. Si bien la labor de escoger la mejor técnica para nuestra red es complicada debido a la gran cantidad de opciones y combinaciones de ellas que existen, tenemos diferentes opciones a la hora de abordar este proceso:

— MANUAL: seleccionamos los valores de los diferentes parámetros basándonos en nuestra experiencia o intuición, entrenamos nuestro modelo con estos valores y lo ponemos a prueba con el conjunto de datos de validación. Este proceso lo repetiremos hasta que los resultados obtenidos sean satisfactorios.

— BÚSQUEDA EN CUADRÍCULA: crea una cuadrícula con los valores de los diferentes parámetros generando combinaciones, entrena el modelo y va evaluando dichas combinaciones con los datos de validación. Como tiene que evaluar cada combinación de valores puede ser muy lenta y consumir muchos recursos. Esta técnica fue publicada en 2012 por Jasper Snoek, Hugo Larochelle y Ryan P. Adams (Jasper Snoek, 2012).

— BÚSQUEDA ALEATORIA: crea una cuadrícula de valores de parámetros y escoge combinaciones aleatorias para entrenar el modelo y evaluarlo. El número de iteraciones lo establecemos basándonos en el tiempo o en los recursos. Esta técnica también se publicó en 2012, siendo sus autores James Bergstra y Yoshua Bengio (James Bergstra, 2012).

— AJUSTE AUTOMATIZADO DE HIPERPARÁMETROS: esta técnica se basa en usar métodos como el descenso por el gradiente, la optimización bayesiana o algoritmos genéticos para hacer una búsqueda de los mejores valores de los parámetros.

Los parámetros que solemos ajustar en el entrenamiento son:

— ÉPOCAS: se refiere a cuando empleamos todo el conjunto de entrenamiento para entrenar nuestra red neuronal. Sin embargo, para conseguir un buen entrenamiento, debemos pasar varias veces dicho conjunto de datos. Cada una de esas veces que la red entrena con el conjunto de entrenamiento completo es lo que llamamos época. Pero ¿cuántas veces son suficientes? La respuesta no es nada sencilla, hasta el punto de que, en muchas ocasiones, en lugar de definir un valor fijo de *épocas*, ponemos una parada automática cuando no se producen mejoras en el aprendizaje durante un número de épocas que determinemos. Debemos tener en cuenta que hay veces que, durante el entrenamiento, la red se estanca en su aprendizaje durante varias *épocas* y luego remonta, por lo que también es complicado decidir esa cantidad de épocas estancadas tras las que debemos parar.

— BATCHES: es el número de lotes en los que dividimos nuestro conjunto de datos. Esto marca las iteraciones, que son el procesado de cada uno de los lotes. Cuando configuramos el entrenamiento, definimos el tamaño del batch, a más pequeño, mayor cantidad de iteraciones.

— EL ALGORITMO DE ENTRENAMIENTO: cuando entrenamos nuestra red, debemos indicar qué algoritmo de entrenamiento vamos a emplear. A estos algoritmos los llamamos optimizadores y también tiene su complicación dar con los adecuados, aunque es frecuente encontrar publicaciones de artículos científicos que estudian el comportamiento de estos optimizadores o proponen nuevos. Una mala elección del optimizador puede provocar que nuestro modelo no generalice bien, por ejemplo.

— LA TASA DE APRENDIZAJE: ya hemos hablado de ella, pero no hemos detallado su relevancia. Debemos ser cuidadosos al escogerla porque un valor elevado puede provocar que la red se vuelva inestable. Lo que solemos hacer es comenzar con un valor alto e ir reduciéndolo según avanza el aprendizaje para que la red se vaya estabilizando, aunque también es habitual probar entrenamientos con varias tasas de aprendizaje y compararlos.

Otro truco interesante que se puede emplear para mejorar nuestra red es la expansión artificial del conjunto de datos, generando datos realistas para que la red tenga más datos de entrenamiento. En el caso de imágenes, se pueden generar nuevas imágenes haciendo transformaciones de las existentes, como rotarlas, desplazarlas, cambiar su tamaño, iluminación, etc. Esto mejora bastante el comportamiento de la red.

Hay otra técnica interesante para mejorar el entrenamiento: el *dropout*. Es muy sencilla, pero da muy buenos resultados. Consiste en que, en cada etapa del entrenamiento, se asigna una probabilidad p a cada neurona que determina si se elimina durante esa etapa o si se mantiene. Esto provoca que la red cambie su arquitectura en cada etapa de entrenamiento, volviendo a la arquitectura original una vez entrenada. Puede parecer una idea muy loca, pero consigue una gran mejora en la capacidad de generalización de nuestra red neuronal.

Ahora sí, ya sabemos cómo construir nuestra red neuronal, cómo entrenarla y hemos visto que no es algo sencillo. Es el momento de conocer arquitecturas de redes neuronales complejas y para qué se usan en la actualidad.

Al hablar de redes neuronales profundas y complejas debemos comenzar por aquellas dedicadas a tratar con imágenes, pues la visión por computador es una de las ramas de la inteligencia artificial que más usamos en nuestro día a día. El hecho de que esté tan extendida en la actualidad se debe a lo que conocemos como *deep learning*, que no es más que el desarrollo y entrenamiento de redes neuronales más profundas. Gracias a poder tener estas redes más profundas, en 1989 se propuso una arquitectura de redes neuronales que seguimos usando hoy en día: las REDES NEURONALES CONVOLUCIONALES. Esta arquitectura se la debemos al francés Yann LeCun, quien ese año publicó una red neuronal capaz de reconocer los códigos postales escritos a mano (LeCun, 1989). Podemos ver que el *deep learning*, en concreto la visión por computador, lleva con nosotros muchos años. Veamos algunos ejemplos de sistemas de visión artificial que conviven con nosotros:

— Automoción: desde hace unos años los vehículos traen sistemas basados en visión por computador como los lectores de señales de tráfico, los detectores de salida involuntaria del carril, los sistemas anticolisión y los sistemas de detección de vehículos en los ángulos muertos.
— Teléfonos móviles: el bloqueo facial de seguridad.
— Fotografía: generación de textos descriptivos en fotografías, clasificación de nuestras fotos y detección de elementos, detección de caras y sonrisas para mejorar la calidad de la foto o para hacer disparo automático cuando todos sonríen.
— Lectores de matrículas en la entrada de los aparcamientos.
— Contadores de personas en diferentes espacios y eventos.

Seguro que haciendo memoria o mirando a nuestro alrededor se nos ocurren muchos más. Pero vamos a centrarnos en su funcionamiento, tremendamente interesante. Si estas redes toman las imágenes y las analizan píxel a píxel, es fácil ver que esto con imágenes grandes puede ser muy costoso, ya que a la red neuronal le entra un vector de valores del tamaño de la altura de la imagen, multiplicado por la anchura de la imagen y multiplicado por los tres canales de color (RGB). Ahora echemos un ojo al tamaño de las imágenes de nuestra cámara de fotos o de nuestro smartphone, el tamaño del vector de cada una de ellas puede ser enorme. ¿Cómo se las apaña la red neuronal para analizar imágenes tan grandes en tiempo real? Para solucionar esto usamos la FUNCIÓN DE CONVOLUCIÓN, que facilita en gran medida el manejo de las imágenes y es el alma de las redes neuronales convolucionales.

La función de convolución es una función matemática que toma como entrada el vector de nuestra imagen y otro vector que conocemos como filtro o *kernel*, dándonos como salida un mapa de características de la imagen. Este mapa de características es mucho más fácil de procesar por nuestra red neuronal. El nombre de convolución viene porque a este *kernel* se le solía poner en forma de matriz y se le daba un giro en la operación de convolución. Hoy en día esto ya no se hace en las redes convolucionales, aunque sí en otras áreas de conocimiento como el procesamiento de señales en telecomunicaciones. Vamos a mostrar de una forma visual cómo trabaja la convolución, la cual es más sencilla de lo que parece:

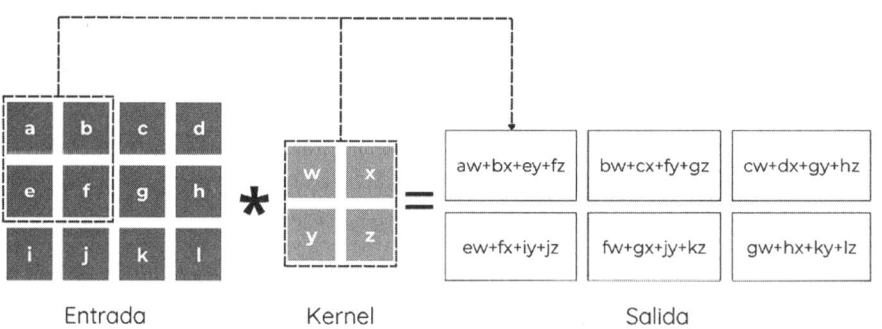

Observamos cómo esta función reduce la cantidad de parámetros con los que trabajamos, lo que deriva en que nuestra red neuronal necesite menos memoria y procesador para tratar las imágenes. Pero claro, a menos parámetros requeriremos menos conexiones. Esto hace que las redes convolucionales no sean redes totalmente conectadas, sino que las neuronas de una capa solo se conectan a un subconjunto de neuronas de la capa siguiente, además de estar conectadas únicamente a un subconjunto de neuronas de la capa anterior. Ahora ya entendemos mejor cómo se apañan las redes convolucionales para trabajar más rápido con las imágenes. Debemos añadir que esta función de convolución se realiza en neuronas especiales que se ponen juntas en una capa, es lo que llamamos CAPAS DE CONVOLUCIÓN.

Pero además de estas capas de convolución existen otras capas de neuronas que ayudan a compactar las imágenes y resaltar las características, son las llamadas CAPAS DE AGRUPAMIENTO o *pooling*. Lo más habitual es usar la función *max-pooling*, que divide la matriz de entrada en diferentes regiones y toma el mayor valor de cada región, obteniendo una matriz de salida mucho menor que contiene aquellos valores máximos de la característica que está analizando la capa.

Hemos apuntado que las redes neuronales no son redes totalmente conectadas. Si bien esto es cierto, no lo es en toda la red, porque al final de estas redes solemos añadir capas totalmente conectadas. Esto lo hacemos para conocer cuáles son las características de alto nivel que se corresponden a una clase en particular, consiguiendo mejorar la clasificación de este tipo de redes.

Otra curiosidad de estas redes es que todas las neuronas de una misma capa comparten los mismos pesos y el mismo valor del sesgo. ¿Por qué se hace esto? Para que detecten la misma característica en diferentes ubicaciones de la imagen. Esto, además, reduce la cantidad de parámetros a controlar en la red convolucional, lo que hace que el entrenamiento sea más rápido, una ventaja en este tipo de redes tan profundas.

Pero ¿cómo funcionan realmente? Seguramente os hayan contado que las redes neuronales profundas son como una caja negra y no sabemos qué hace cada capa para obtener el resultado. Bueno, esto no es cierto: en el caso de las redes neuronales convolucionales conocemos cómo se comportan las capas y cómo es el proceso interno para clasificar imágenes. Las primeras capas se centran en las cualidades de más bajo nivel de las imágenes, como son las aristas, los bordes, etc. Podemos afirmar que cada capa de entrada va señalando las localizaciones de cada una de estas características. Después se aplican capas de filtros, que nos devolverán valores que se corresponderán con atributos de más alto nivel, como son la combinación de las de bajo nivel generando formas. Según vamos avanzando por las capas se van obteniendo características cada vez más complejas y abstractas hasta llegar a la capa final donde ya tenemos el conjunto de ellas que conforman las clases que buscamos.

Existen en la literatura académica varios ejemplos de redes convolucionales de gran interés, desde LeNet-5 publicada en 1998 (Lecun, Bottou, Bengio, & Haffner, 1998), que es famosa por ser de las más antiguas, hasta AlexNet, publicada en 2012 (Krizhevsky, 2012) y consistente en una mejora de LeNet-5 añadiendo más capas, pasando por VGG, que es una red muy simple con pocos hiperparámetros publicada en 2014 (Simonyan & Zisserman, 2014). Sin embargo, debemos pararnos a explicar ResNet, publicada en 2016 (K. He, 2016), ya que ella misma conforma un subconjunto de las redes convolucionales conocido como REDES RESIDUALES. Además, son muchos los artículos científicos publicados en los que se usa esta arquitectura, por lo que es conveniente explicarla para comprender mejor estos trabajos.

¿Qué es esto de las redes residuales? Este tipo de redes son más profundas y eficientes usando conexiones que conectan capas que no son contiguas. Los autores de ResNet reformularon las capas como funciones de aprendizaje residual añadiendo referencia a sus capas de entrada, con estos puentes se conseguía una red más fácil de optimizar y más precisa que las redes neuronales convolucionales de su época. Veamos un esquema:

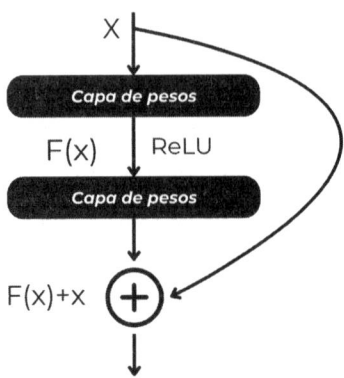

Gracias al puente entre capas, la red aprende el residuo de entrada y salida de algunas capas. Para explicarlo mejor supongamos que la entrada de nuestra red es x y la solución real es H(x), lo que llamamos residuo es la diferencia entre ellos: F(x) = H(x) − x. Pero nosotros queremos conseguir el verdadero resultado de la subred, esto es H(x), por lo que nos toca modificar esta ecuación a H(x) = F(x) + x, que es lo que logramos con el esquema de capas puenteadas. Esto es lo que hace especial a ResNet, que configura las capas para poder conocer el residuo de entrada y salida de las subredes, en lugar de aprender H(x) directamente. Esto nos permite ignorar subredes simplemente igualando el residuo a o y forzando a que H(x) = x. De esta forma, no es necesario hacer cálculos en todas sus capas, por lo que estamos ante una arquitectura muy versátil.

Con esto acabamos con las redes neuronales convolucionales, no sin antes comentar que, cuando tenemos un problema de clasificación para el que necesitamos una red neuronal, como hemos comentado anteriormente, solemos buscar modelos ya publicados, pero también es habitual que usemos modelos entrenados previamente con otras imágenes, aunque sean de diferente tipo. No debemos asustarnos y pensar que empleamos un mismo modelo sin entrenar porque no es así: de dicho modelo modificamos las capas de entrada y salida para adaptarlo a nuestros datos y entrenamos solo las capas finales, congelando las capas ya entrenadas para obtener las características de bajo nivel. Esto nos permite ahorrar mucho tiempo y recursos.

Hemos visto con ResNet que no todas las redes neuronales conectaban una capa de neuronas con la siguiente capa, sino que se podían puentear capas. Vamos ahora a dar un paso más y a ver redes neuronales con conexiones de las salidas de algunas capas con las capas anteriores. A estas redes neuronales artificiales las llamamos REDES NEURONALES RECURRENTES. Pero ¿para qué sirve este bucle? En este caso, la capa procesa la información que le llega de la capa anterior combinada con información que le llega de una capa posterior, esto hace que la red internamente pueda variar la respuesta a unos valores de entrada dependiendo de los valores que ya procesó antes; es como si dotásemos a la neurona de MEMORIA. Con esta especie de memoria, la neurona puede poner en contexto los datos que le entran, y por eso estas arquitecturas se emplean mucho en el tratamiento de datos secuenciales, como son los textos. Por ejemplo, imaginemos que usamos una red recurrente para traducir una frase, como el orden de las palabras en una frase altera su significado, según le vayan entrando las palabras a la red, esta irá modificando el estado de sus neuronas hasta recibir la última palabra de la frase, que será cuando devuelva como resultado una traducción con sentido. De hecho, las redes neuronales recurrentes se aplican en traducción de idiomas, procesamiento de lenguaje natural (también conocido como NLP), reconocimiento de voz, subtítulos automáticos, generación de texto alternativo en imágenes, creación de música, detección de homólogos de proteínas, etc. Las encontramos en nuestros asistentes (Siri, Google, Alexa...).

Podemos pensar que este tipo de redes son de lo más moderno, pero este concepto viene del año 1972, cuando Shun-Ichi Amari publicó su primera red neuronal recurrente capaz de aprender

(Amari, 1972). Desde entonces, este tipo de red neuronal se ha ido mejorando hasta nuestros días.

Ya comentamos que, en la red neuronal recurrente, la salida de la red depende de datos cuya antigüedad se remonta a la longitud de la secuencia de datos de entrada. Por ejemplo, en una conversación con un chatbot, su salida dependerá de lo largo que sea el párrafo que le escribamos. Como esto podría ser una locura a la hora de procesar secuencias muy largas, solemos fijar la longitud de las secuencias que va a procesar nuestra red con un valor k. De tal manera que, si escribimos un texto cuyo tamaño es mucho menor que k, se añaden unos valores especiales al inicio y final de nuestro texto hasta conseguir un tamaño k. Pero si nos pasamos con nuestro texto y es más largo que k, este se corta y se descarta parte de la secuencia. Aunque veremos que, en numerosas ocasiones, esto se fuerza poniendo un límite de caracteres en la interfaz de nuestro sistema.

Como podemos imaginar, existe una gran cantidad de tipos de conexiones recurrentes en estas redes neuronales, y esto hace que explicarlas de una forma genérica sea medianamente complicado. Para facilitar esta labor, emplearemos el concepto de celda como la parte de la red neuronal que preserva un estado a través del tiempo. Estas celdas comparten sus parámetros internos, por lo que los valores de los parámetros son iguales en cada paso. Lo único que diferencia un paso del siguiente serán las entradas de cada celda, que son los datos de entrada y el estado de la red. Esto las hace muy diferentes de las redes neuronales que hemos visto anteriormente, en las que cada capa o cada neurona tienen parámetros distintos. Vamos a conocer los tres tipos de arquitectura de celdas más empleados:

— Redes neuronales recurrentes bidireccionales (BRNN): son una arquitectura de red que se diferencia de las redes neuronales recurrentes unidireccionales en que es capaz de extraer datos futuros para mejorar su precisión. Recordemos que las RNN unidireccionales únicamente pueden extraer datos de estados anteriores. Por tanto, en las BRNN no solo conectamos las salidas de las capas con las capas anteriores, sino que lo hacemos también con las posteriores.

— MEMORIA A CORTO-LARGO PLAZO (LSTM): esta arquitectura de celda fue propuesta por Sepp Hochreiter y Juergen Schmidhuber en 1997 (Sepp Hochreiter, 1997). Se creó con la intención de solucionar los problemas de dependencias a largo plazo. Imaginemos que estamos analizando un texto y dentro de este se hacen referencias a conceptos que se explicaron cientos de palabras antes. En este caso, la red necesitará procesar cientos de pasos previos. Para conseguirlo, las LSTM poseen celdas en las capas ocultas con tres puertas: puerta de entrada, puerta de salida y puerta del olvido. Con estas tres puertas se controla el flujo de información necesario para pronosticar la salida de la red. Un ejemplo ese da al procesar los determinantes en un texto, si el determinante «el» aparece repetido varias veces en frases anteriores, lo podemos excluir del estado de la celda.

— UNIDADES RECURRENTES CERRADAS (GRU): esta arquitectura de celda es muy parecida a las LSTM porque también busca solucionar el problema de la memoria a corto plazo. A diferencia de las LSTM, emplea estados ocultos en lugar de usar el estado de la celda para regular la información. Además, solo tiene dos puertas: una puerta de restablecimiento y una puerta de actualización. Estas puertas controlan la cantidad y qué información se debe retener en la celda. Fue propuesta en 2014 (Cho, y otros, 2014) por Kyunghyun Cho y varios colaboradores entre los que encontramos a Yoshua Bengio, quien es conocido junto con Yann LeCun y Geoffrey Hinton como los padrinos del aprendizaje profundo.

Dependiendo del problema que queramos resolver tenemos los siguientes tipos de redes neuronales recurrentes:

— UNO A MUCHOS: tenemos un único valor de entrada, pero generamos una salida con varios pasos. Este es el tipo de red empleado en los generadores de texto descriptivo en imágenes que usan las personas ciegas. Aquí el valor de entrada es la imagen y la salida son las palabras que componen el texto. En la imagen se muestra el esquema, las bolitas grises serían las celdas descritas anteriormente:

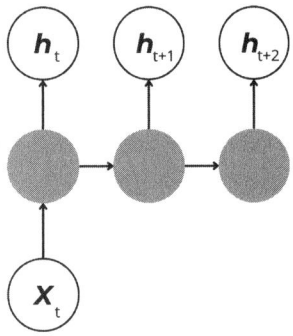

— MUCHOS A UNO: tenemos muchos valores de entrada y una única salida. Este tipo de red es la que se emplea cuando hacemos análisis de sentimientos en textos. Aquí, el valor de entrada son las palabras que componen el texto y la salida es el sentimiento del texto (tristeza, alegría, etc.). Veamos su esquema:

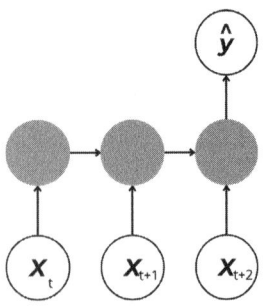

— Muchos a muchos: existen a su vez dos tipos:
Introducimos varios valores de entrada en las celdas y obtenemos varias salidas, una por cada una de las celdas. Esto nos proporciona una salida sincronizada para cada uno de los valores de entrada. Este tipo de red se usa para analizar vídeos fotograma a fotograma, clasificando objetos en cada uno de ellos. Aquí podemos pensar que dichos fotogramas podrían analizarse con una red convolucional a la que mandaríamos cada fotograma y los analizaría, pero esto sería mucho más lento. A continuación, mostramos su esquema:

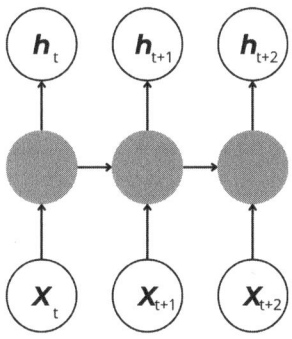

Introducimos varios valores de entrada en unas celdas y obtenemos salidas de celdas contiguas. Esto se usa cuando tratamos una secuencia con varios valores y deseamos obtener los valores de la red neuronal cuando la secuencia entera se ha procesado. Se emplea para analizar series temporales y hacer predicciones de valores futuros. Su esquema sería:

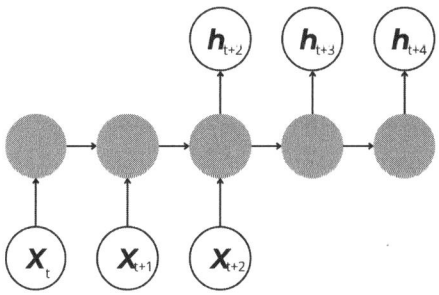

A la hora de entrenar las redes recurrentes no podemos usar el mismo algoritmo de retropropagación que en el resto de redes neuronales debido a los bucles que tiene la red. ¿Cómo lo hacemos entonces? Tenemos un algoritmo llamado RETROPROPAGACIÓN EN EL TIEMPO, que puede sonar muy abstracto y complicado, pero consiste en «desenrollar» la red neuronal recurrente hasta convertirla en una red neuronal normal y aplicar retropropagación en esta red resultante. Esto debe hacerse con mucho cuidado para evitar problemas en el aprendizaje.

Ahora que conocemos las redes neuronales, sus tipos y cómo funcionan es hora de que nos hagamos una pregunta ¿Cómo pueden estos algoritmos estar sesgados o comportarse de una forma injusta? Puede parecer una pregunta extraña, pero hoy en día estamos siendo bombardeados de manera constante por titulares y «gurús» que nos hablan del sesgo de los algoritmos de *deep learning*. Tras leer este capítulo, podemos darnos cuenta de que no hay una conexión, una capa o una función de activación capaz de hacer que una red neuronal se comporte de una forma sesgada presentando signos de machismo, racismo o cualquier comportamiento incorrecto. Entonces ¿por qué encontramos estos comportamientos en los resultados de estos sistemas? La respuesta está en el conjunto de entrenamiento elegido. Si hemos entrenado una red para detectar peatones y siempre hemos puesto de ejemplo personas que caminaban de forma normal, nuestro sistema jamás reconocerá a una persona que avance en silla de ruedas o que camine con muletas, así como tampoco será capaz de reconocer un cochecito de bebé como un peatón. Por eso, podemos afirmar que la responsabilidad de que un sistema actúe de forma éticamente adecuada es siempre de las personas encargadas de escoger, etiquetar y verificar el conjunto de entrenamiento.

Cuarta parte

MODELOS NO SUPERVISADOS

XV. ESTABLECIENDO JERARQUÍAS PARA CLASIFICAR ELEMENTOS

«¿Por qué esta propiedad —la de ser la unidad más pequeña en que puede dividirse una forma mayor— inspira con tal potencia y fuerza estas particulares ideas? La respuesta es sencilla. La materia, la información y la biología están organizadas de una forma constitutivamente jerárquica; saber cuál es la parte mínima es fundamental para la comprensión del todo».
SIDDHARTHA MUKHERJEE

A lo largo de los seis capítulos anteriores hemos hablado de los modelos supervisados, aquellos sistemas que necesitan entrenar con datos etiquetados con los resultados del problema que queremos resolver. Pero ¿qué ocurre cuando no tenemos dichas etiquetas? Cuando, *a priori*, no conocemos el resultado buscado debemos hacer uso de los modelos no supervisados, que nos ayudarán a hacer clasificaciones que nosotros no podemos anticipar.

Comenzaremos introduciendo el agrupamiento jerárquico (*hierarchical clustering* en inglés), un modelo de clasificación cuyo objetivo es crear una jerarquía de particiones en nuestro conjunto de datos. Estamos ante un algoritmo que construye una estructura en la que los elementos de un conjunto se van agrupando en subconjuntos que van creciendo a cada paso, hasta que todos los elementos pertenecen al mismo conjunto. Existen dos tipos de agrupamiento jerárquico:

— AGLOMERATIVOS: inicialmente cada dato tiene su propio grupo, va fusionando estos grupos de manera progresiva hasta que todos los datos pertenecen al mismo grupo. Sigue una estrategia *bottom-up*. A este tipo de comportamiento lo denominamos agrupamiento o *clustering*. Se emplean para desarrollar sistemas de recomendación como los que vemos en las plataformas de películas y series o en tiendas *online*. Generar una nueva recomendación es tan simple como asignar un elemento nuevo a uno de los grupos que ha creado el modelo. También se usan en clasificación de documentos, agrupamiento de imágenes y análisis de expresión genética y proteica.

— DIVISIVOS: inicialmente todos los elementos forman parte de un único grupo que se va dividiendo en cada iteración hasta obtener un grupo para cada dato. Sigue lo que conocemos como estrategia *top-down*. A este tipo de comportamiento lo denominamos segmentación. Se usa en empresas para hacer segmentación de clientes, estableciendo grupos con aquellos clientes que comparten características comunes.

Aunque ambos tipos de algoritmo se comportan de manera opuesta, sus resultados son muy parecidos. Podemos añadir que los algoritmos aglomerativos son más sencillos de implementar debido a que solo existe una manera de unir dos conjuntos, pero hay multitud de opciones a la hora de separar un conjunto en más de dos elementos. Esto hace que los algoritmos divisivos sean menos usados, si bien son muy útiles cuando nuestros datos están muy estructurados. Estamos viendo que en ninguno de los casos nos interesa que el algoritmo finalice, pues tendremos un resultado que no nos aporta nada. La pregunta es ¿cuándo debemos parar el algoritmo? La respuesta es complicada de encontrar ya que estos modelos no saben la cantidad óptima de grupos, así que nos toca a nosotros establecer cuándo para nuestro algoritmo o qué cantidad de grupos buscamos.

Representamos las agrupaciones que va generando nuestro algoritmo jerárquico empleando un DENDOGRAMA, el cual podemos representar como algo parecido a un árbol. Visualizar el proceso de generación de grupos de esta manera nos facilita enormemente entender qué está haciendo nuestro algoritmo, pero no nos da información sobre las distancias entre los elementos. Para comprender mejor este concepto, veamos un esquema de dendograma hecho con la secuencia de letras A, B, C, D, E:

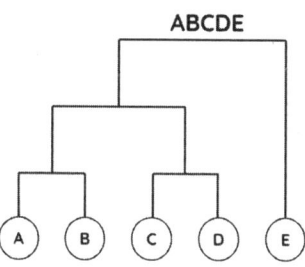

Si recorremos el dendograma de arriba hacia abajo observamos una segmentación de la cadena de caracteres, mientras que si lo recorremos de abajo hacia arriba vemos una agrupación de los caracteres. Además, se aprecia cómo se van generando diferentes niveles de agrupamiento en cada paso, esto nos proporciona una información muy útil sobre los datos. Es importante que expliquemos que lo normal es trabajar con dendogramas mucho más complejos, tanto que deben ser representados con colores para que seamos capaces de distinguir los diferentes grupos. Veamos un ejemplo donde tendríamos tres grupos:

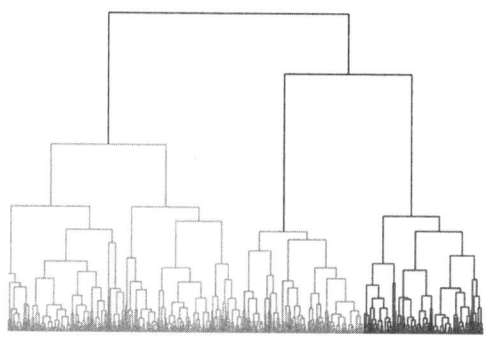

Es importante señalar una desventaja de este tipo de algoritmos: se trata de algoritmos voraces. Como ya vimos en el recorrido de grafos, los algoritmos voraces tienen el problema de que buscan la mejor decisión local pero no aseguran encontrar la decisión óptima al problema.

Tras ir conociendo los algoritmos de agrupamiento jerárquico nos damos cuenta de que para agrupar o separar elementos de un conjunto de datos necesitamos un criterio que nos ayude a ello, y este criterio varía dependiendo del tipo de algoritmo que estemos empleando.

En los ALGORITMOS AGLOMERATIVOS, para calcular la distancia entre puntos existen numerosos criterios como la distancia euclidiana, la distancia de Mahalanobis o la distancia de Gauss. A la hora de calcular la distancia entre grupos que contienen más de un punto debemos aplicar lo que conocemos como criterios de enlace, entre los que encontramos:

— ENLACE SIMPLE: toma como criterio la distancia mínima entre los elementos de los grupos. Es adecuado si la representación de nuestros grupos en la gráfica adquiere una forma no elíptica. Debemos tener precaución con él porque es muy sensible al ruido y puede llegar a forzar la unión de grupos que visualmente están muy diferenciados, pero comparten algún elemento que está muy próximo a ambos.

— ENLACE COMPLETO: toma como criterio la distancia máxima entre los elementos de los grupos. Es muy sensible a los valores *outliers* que pueda tener nuestro conjunto de datos, por lo que, si tenemos un conjunto de datos con este tipo de valores que no hemos considerado erróneos y hemos decidido mantener, no es buena idea emplearlo.

— ENLACE MEDIO: toma como criterio la distancia media entre los elementos de los grupos. Este enlace es capaz de paliar los inconvenientes de los enlaces anteriores, pero sin solucionarlos del todo.

— Enlace centroide: toma como criterio la distancia entre los centroides de los grupos. Su mayor ventaja es que tiene un bajo coste computacional, por lo que si tenemos un conjunto de datos muy grande nos vendrá muy bien.

— Enlace Ward: toma como criterio la suma de los errores cuadráticos de los datos, por lo que une los dos conjuntos con los menores valores en su suma de errores cuadráticos de sus elementos. Es un tipo de enlace bastante resistente al ruido, pero está m sesgado hacia agrupaciones con forma globular.

En el caso de los ALGORITMOS DIVISIVOS debemos decidir un criterio de parada que nos indique el nivel máximo del árbol al que deseamos llegar, así como un criterio para dividir las particiones. Empecemos con las opciones para decidir cuándo debe parar nuestro algoritmo, no se vaya a quedar como Tata Ogg, personaje de la saga Mundodisco que nunca sabe cuándo parar cuando dice la palabra «banana» y acaba diciendo cosas sin sentido como «bananananananana». Veamos los criterios que podemos tomar para evitar estas situaciones:

— PROFUNDIDAD MÁXIMA DEL DENDOGRAMA: ¿Hasta cuántos niveles queremos llegar?

— CANTIDAD MÁXIMA DE ELEMENTOS POR GRUPO: de este modo, cuando tengamos un grupo con menos elementos ya no se dividirá más.

— VALOR MÁXIMO DE SIMILITUD ENTRE ELEMENTOS: las particiones que no superen este valor tendrán un nivel de cohesión adecuado y no las dividiremos más.

Sobre los criterios de división, el tema se complica, siendo necesario a veces usar algoritmos no jerárquicos para dividir cada partición.

En definitiva, estos métodos de agrupamiento nos permiten descubrir patrones en un conjunto de datos complejo, como puede ser una base de datos de clientes de una empresa. Además, al agrupar por pasos, nos permite conocer mejor el porqué de estos agrupamientos. Podemos decir que nos ayudan a conocer mejor nuestros datos, aunque también sirven para hacer predicciones. Una pega que presentan es su elevado coste tanto en uso de memoria RAM como en tiempo, no siendo recomendable acudir a ellos si tenemos un conjunto de datos muy masivo.

XVI. AGRUPANDO POR CERCANÍA CON EL ALGORITMO *K-MEANS*

> «La dificultad de la lucha armada es hacer cercanas las
> distancias largas y convertir los problemas en ventajas».
>
> SUN TZU

Cuando hablamos de algoritmos de *clustering* no supervisados no podemos ignorar al más famoso de todos: el algoritmo
k-means. Se ha ganado su fama a pulso por ser el algoritmo de
agrupación no supervisado más utilizado, gracias a su velocidad
y eficiencia, así como a su capacidad para trabajar con conjuntos de datos muy grandes. Ejemplos de su uso los encontramos
en los programas de edición de imágenes, cuando reducimos
la paleta de color de una imagen para disminuir su tamaño sin
tener una gran pérdida de calidad. También se usa para agrupar
los clientes de una empresa por características comunes. Otro
lugar donde encontramos este algoritmo es en el procesado del
lenguaje natural, donde se integra con los clasificadores supervisados formando un sistema colaborativo. En este ámbito, el algoritmo *k-means* se usa para identificar aquellos grupos de palabras o expresiones que suelen aparecer juntas (Por ejemplo «es
cierto que», «comida rápida», «¿cómo estás?», etc.). Estos grupos
de palabras, que conocemos como coubicaciones, se emplean
para entrenar el modelo supervisado, mejorando su rendimiento.

También podemos emplear este algoritmo en los sistemas de recomendaciones multimedia (música, películas, series...) en los que, dependiendo del contenido que hayamos consumido anteriormente, se nos sugieren nuevos elementos que nos pueden interesar. En el ámbito de los seguros es habitual su uso para detectar fraudes y en ciberseguridad es empleado para establecer perfiles y relaciones entre cibercriminales.

El nombre *k-means* fue utilizado por primera vez para referirse a este algoritmo en 1967, en una publicación de James MacQueen (MacQueen, 1967). Si bien este algoritmo es anterior, habiendo sido propuesto por primera vez por Stuart Lloyd en 1957 en los laboratorios Bell, tuvo que esperar a publicarse fuera de estos laboratorios en 1982 (Lloyd, 1982). La casualidad hizo que en 1965 E. W. Forgy publicase el mismo método de *clustering* (Forgy, 1965), y debido a esta coincidencia también se conoce al algoritmo *k-means* como el algoritmo de Lloyd-Forgy.

Tras hablar de sus usos y su historia, conozcamos el funcionamiento de *k-means*. Lo que hace este sistema es tomar nuestro conjunto de datos y dividirlo en *k* grupos, donde *k* es una cantidad que debemos definir antes de lanzar el algoritmo. Cada elemento de nuestro conjunto de datos pertenecerá a aquel grupo cuya distancia sea menor. Esta clasificación por distancias puede traernos a la mente al algoritmo *k*-NN e incluso hacer que nos confundamos al hablar de uno o de otro, pero son sistemas muy diferentes tal y como iremos descubriendo según conozcamos las características de *k-means*.

Supongamos que queremos agrupar una colección de películas en seis grupos: acción, misterio, romance, drama, terror e infantil. Para ello, tenemos un conjunto de datos con todas las características de cada película, y basándonos en ellas representamos nuestra colección de películas en una gráfica de puntos ¿Cómo identificamos cada grupo? Nuestro algoritmo identifica cada punto poniendo una marca en su centro, a esta marca la llamaremos semilla o centroide. Pero al inicio del programa no sabemos dónde están los grupos ni sus centros, por lo que identificaremos k puntos como centroides iniciales. Es muy habitual seleccionar estos puntos de manera aleatoria, tomando al azar k elementos del conjunto de datos. Esta forma de inicializar el proceso, aunque es simple y rápida, hace que *k-means* se comporte de un modo no determinista, aunque esto se puede arreglar ejecutando el algoritmo varias veces y seleccionando el mejor resultado. Otra forma de inicializar el proceso, evitando comportamientos no deterministas que nos asusten, es escogiendo los centroides iniciales según la distribución de probabilidades de las instancias del conjunto de datos, cubriendo así todo el rango de valores de los datos. Tras explicar cómo se colocan los centroides al inicio del algoritmo podemos imaginarnos que, conforme el algoritmo va iterando, estos centroides se van a ir moviendo. Cuando tenemos los centroides en su posición inicial les asignamos aquellos puntos del conjunto de datos cuya distancia es menor, hasta tener k grupos disjuntos. Como medida de distancia, lo más habitual es usar la distancia euclídea, pero también podemos escoger cualquier otro criterio de distancia. Una vez tenemos los puntos agrupados, volvemos a calcular los centroides buscando el centro de cada uno de los grupos que se han obtenido. Para ello, el algoritmo deduce la media de los puntos que pertenecen al grupo (de ahí el nombre *k-means* o k-medias). Por este motivo, el algoritmo *k-means* solo puede aplicarse a conjuntos de datos cuyos atributos son valores continuos, debiendo hacer una transformación previa de los valores si estos no son continuos (como nuestro ejemplo de las películas). A continuación, repetiremos los dos pasos anteriores: asignación de puntos a los centroides y recálculo de centroides. Esto se irá repitiendo hasta alcanzar una condición de parada, que puede ser el llegar a una situación en la que no hay cambios al recalcular los centroides durante una iteración completa, pues esto implica que el sistema ya no puede avanzar por más pasos que dé. Esta situación se puede alcanzar tras un número finito de iteraciones si empleamos una métrica adecuada en el cálculo de la distancia y en el recálculo de los centroides. También podemos parar antes, cuando se tienen cambios muy pequeños en la pertenencia de los elementos a los grupos, ahorrando tiempo.

Ya conocemos el funcionamiento de *k-means*, pero aún queda un asunto relevante en el tintero: cómo averiguar el valor de *k* que haga que se agrupen bien los datos de nuestro conjunto de datos. Esto no es algo trivial de encontrar, pero tenemos varios métodos que nos ayudarán a determinar el valor de *k*, lo más adecuado es aplicar todos para asegurarnos de que escogemos el mejor valor. Vamos a conocerlos:

— REGLA DEL CODO: este método traza la suma de las distancias al cuadrado entre cada punto del conjunto de datos y su centroide asignado para diferentes valores de *k*. Esto lo muestra en una gráfica y nosotros seleccionamos aquel valor de *k* donde la disminución de las distancias al cuadrado se ralentiza, esta ralentización forma un codo en la gráfica en el punto que seleccionaremos para obtener el valor óptimo de *k*. Veamos un ejemplo:

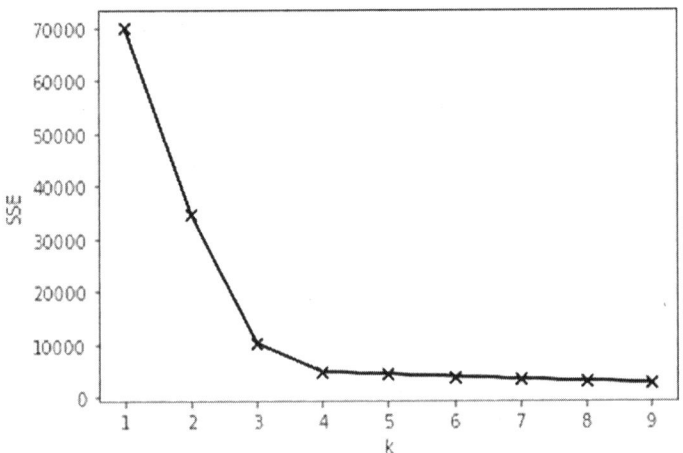

Aquí tomaríamos 4 como valor óptimo de *k* debido a que a partir de 4 el error se reduce de manera significativa.

— Coeficiente de *silhouette*: el coeficiente de *silhouette*, o coeficiente de la silueta, es mucho más preciso que la regla del codo. Este método nos proporciona un valor entre -1 y 1 que indica lo bien o mal agrupado que está un punto dentro del grupo asignado, se calcula para cada muestra del conjunto de datos. ¿Cómo se sabe si una muestra está bien o mal agrupada? Es sencillo: aquellos valores cercanos a 1 indican que la muestra se encuentra en el grupo correcto, mientras que los cercanos a -1 indican que la muestra se encuentra en el grupo equivocado. Este método nos genera una gráfica que nos ayuda a escoger el mejor valor de k. Veamos un ejemplo con los datos del ejemplo anterior para poder comparar:

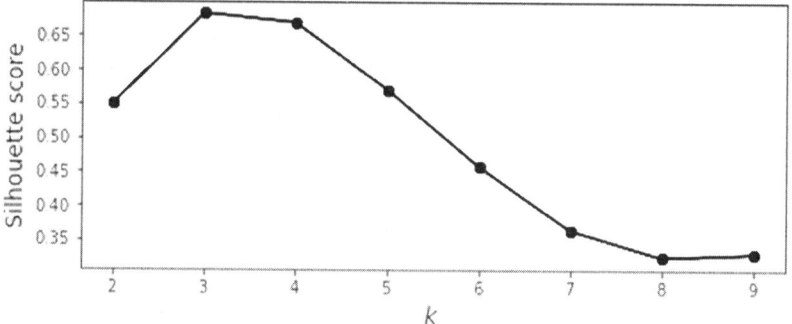

Aquí el coeficiente de *silhouette* muestra que el valor óptimo de k es 3, aunque 4 no parece una mala opción tampoco.

— *Silhouette Diagram:* en los casos en los que dudamos siempre es bueno sacar el diagrama de *silhouette* para salir de dudas. Este diagrama nos muestra una forma por cada clúster probado: la altura de cada clúster nos indica el número de instancias que contiene, mientras que la longitud nos muestra el coeficiente de *silhouette* de las instancias del clúster. A mayor longitud de la forma, mejor. La línea de puntos señala el coeficiente de *silhouette* medio. Veamos cómo queda:

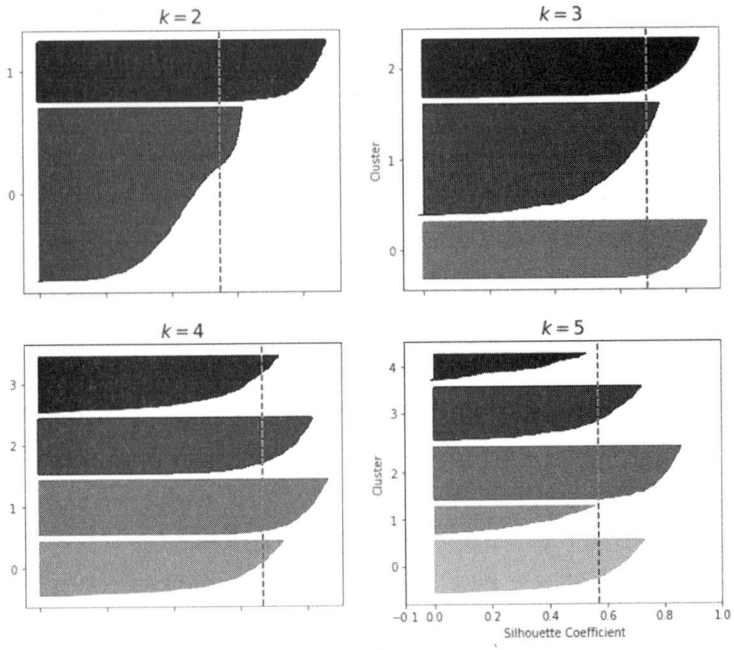

Parece que $k = 4$ es el valor óptimo pues todos los conjuntos quedan por encima del coeficiente de *silhouette* medio y quedan mejor repartidos.

Hemos observado que estos métodos no siempre proporcionan información clara del valor óptimo de k, por lo que en todas las situaciones debemos aplicar varios.

Ahora conocemos cómo funciona el algoritmo *k-means*, así como las dificultades que encontramos para aplicarlo. Hemos hablado de sus ventajas, como su eficiencia, su sencillez de implementación y su capacidad para trabajar con conjuntos de datos grandes. Pero no hemos mencionado que también tiene desventajas: este algoritmo asume que los clústeres tienen formas esféricas, por lo que nos plantea dificultades a la hora de trabajar con aquellos agrupamientos que no tienen formas esféricas. También nos da problemas a la hora de identificar clústeres con tamaños y densidades variables, no llegando a agrupar de manera correcta.

Además del algoritmo *k-means* clásico, existen variantes que tratan de solucionar los problemas de este método a la hora de clasificar:

- *K-MEDIANS*: en lugar de emplear la media para calcular la posición de los centroides, esta variante hace uso de la MEDIANA. Calcular la mediana supone un mayor coste computacional, pero puede resultar interesante ante aquellos conjuntos de datos en los que encontramos valores *outliers* o las distribuciones son asimétricas.

- *K-MEDOIDS*: esta variante recalcula los centroides a partir de elementos que presentan un valor de disimilitud mínimo respecto al resto de elementos del clúster. Se trata de una variante mucho más costosa que las anteriores, pero altamente resistente a datos con ruido.

- *FUZZY C-MEANS*: esta variante asigna un grado de pertenencia a cada grupo de datos para cada elemento, pues un elemento puede estar entre dos clústeres y no tener muy claro a cuál asignarle. De esta forma, permite hacer un agrupamiento más suave, y resulta muy interesante cuando existe incertidumbre o tenemos clústeres que se superponen. Esto es muy útil en la segmentación de imágenes.

- *K-MODES*: funciona exactamente igual que *k-means*, pero está diseñado para trabajar con variables categóricas en lugar de con variables continuas. Esto ahorra la transformación previa de los datos.

- *K-PROTOTYPE*: es una variante diseñada para trabajar con un conjunto de datos mixto en el que encontremos valores continuos y valores categóricos.

Ya no nos queda más por conocer de este método de agrupamiento no supervisado. Este capítulo nos ha servido no solo para descubrir su funcionamiento sino para comprender por qué lo encontramos en multitud de aplicaciones *software* que usamos en nuestro día a día, además de en algoritmos de investigación avanzada como son los sistemas de agrupamiento de proteínas.

XVII. AGRUPANDO POR DENSIDAD CON DBSCAN Y OPTICS

«En la Tierra la civilización es lo que resulta de un grupo de humanos que se juntan y suprimen todos sus instintos».

MATT HAIG

En ocasiones nos encontramos ante conjuntos de datos con ruido, esto es, datos que se agrupan de forma muy densa creando conjuntos que conviven con otros datos más dispersos que cuesta mucho encajar en grupos. Asimismo, es habitual toparse con datos que se agrupan generando clústeres con formas arbitrarias. En estos casos, los algoritmos descritos en capítulos anteriores no trabajan bien y necesitamos algo que nos permita agrupar este tipo de datos de forma correcta. Para esta labor se crearon el algoritmo DBSCAN y su variante OPTICS.

El algoritmo DBSCAN o agrupamiento espacial basado en densidad de aplicaciones con ruido es un algoritmo de agrupamiento no supervisado propuesto en 1996 por Martin Ester, Hans-Peter Kriegel, Jörg Sander y Xiaowei Xu (Ester, Kriegel, Sander, & Xu, 1996). Fijaos en el tiempo que ha pasado desde entonces, podríamos pensar que hoy en día ya no se usa algo tan antiguo, pero la realidad es que sigue siendo uno de los algoritmos más utilizados y citados en la literatura científica. De hecho, se emplea frecuentemente para tratar imágenes de satélite, en cristalografía de rayos X, para segmentación de imágenes, para localizar los puntos potenciales de enganche de las proteínas, localizar regiones de influencia en datos GIS, establecer perfiles de usuarios en redes sociales y un largo etcétera.

Veamos cómo funciona este algoritmo, y para ello imaginemos que tenemos una base de datos cuya gráfica de puntos tiene la siguiente forma:

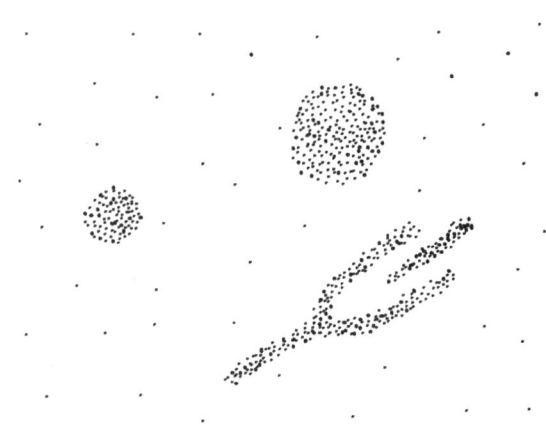

Tendríamos 4 agrupaciones, aunque también observamos que existen datos no agrupados, lo que conocemos como ruido. Nosotros reconocemos las agrupaciones existentes porque tienen una densidad de puntos mayor que la de los puntos que hay fuera del clúster; por tanto, podemos afirmar que la densidad fuera del clúster siempre será menor que la densidad de cualquiera de los clústeres. Esta afirmación se aplica tanto si trabajamos con conjuntos de datos en dos dimensiones como si lo hacemos en tres dimensiones.

La idea clave de DBSCAN es que, para cada punto de un clúster, el vecindario dentro de un radio dado debe contener una cantidad mínima de puntos. En resumen, la densidad de dicho vecindario debe sobrepasar un umbral. La forma de dicho vecindario de puntos vendrá determinada por la elección de la función de distancia entre puntos que vayamos a aplicar. Por defecto solemos usar la distancia euclídea.

Para encontrar un clúster DBSCAN, se comienza seleccionando un punto aleatorio p y recuperando todos aquellos puntos densamente alcanzables desde él, para lo cual se emplean dos parámetros:

— Eps: la distancia máxima entre dos puntos para ser considerados vecinos. Es el parámetro más importante para que este algoritmo funcione de manera correcta.
— MinPts: es el número de muestras de un vecindario para que un punto sea considerado un punto núcleo. Este número incluye al propio punto. Si escogemos un valor alto DBSCAN encontrará clústeres densos, pero si escogemos un valor pequeño encontrará clústeres más dispersos.

Si p es un punto núcleo, el algoritmo inicia un clúster tomándolo como base y se añadirán a dicho clúster todos los puntos de su vecindad, recorriendo dichos vecinos y añadiendo nuevos puntos hasta completar un clúster densamente conectado. Si en caso contrario, p es un punto perteneciente al borde de un clúster, este no tendrá puntos densamente alcanzables desde él, por lo que DBSCAN visitará el siguiente punto de la base de datos para analizarlo.

Los valores de Eps y MinPts son globales para todos los puntos de nuestro conjunto de datos. En consecuencia, DBSCAN puede unir dos clústeres si están muy cercanos (distancia menor o igual a Eps) aunque tengan diferentes densidades. Por este motivo, en algunas situaciones puede ser necesario llamar de manera recursiva al algoritmo en aquellos clústeres detectados empleando un valor mayor de MinPts. Esto puede parecer una desventaja al añadir complejidad al algoritmo, pero también ganamos en un mejor agrupamiento.

Ahora nos surge la gran duda: ¿cómo sabemos qué valores de Eps y MinPts aplicar? Todos los algoritmos que hemos visto hasta ahora tienen alguna dificultad y DBSCAN no se iba a librar, ya que determinar los valores óptimos de Eps y MinPts no es trivial. Podemos intentar hacerlo a las bravas por ensayo y error, pero también podemos ahorrarnos tiempo y aplicar algunos trucos:

— MiNPTs: existe una regla que dice que podemos derivar MinPts de la serie de dimensiones D que tiene nuestro conjunto de datos, y para ello tomaríamos un MinPts mínimo que sea mayor o igual que D+1. Emplear un valor de MinPts igual a 1 no tiene ningún sentido porque conseguiríamos que cada uno de los puntos de un clúster sea un clúster. Si usamos valores grandes haremos que el algoritmo sea menos sensible al ruido. También debemos tener en cuenta que el valor de MinPts es directamente proporcional al tamaño de nuestro conjunto de datos: cuanto mayor sea nuestro conjunto de datos mayor será el valor de MinPts.

— Eps: para estimar este valor podemos usar un gráfico k-distancia, que nos muestra el trazado de la distancia a la k igualada a MinPts vecinos más cercanos. Tomaremos el valor de Eps donde el gráfico nos muestre un codo, teniendo en cuenta que, si Eps es demasiado pequeño, dejaremos sin agrupar gran parte de los datos, mientras que, si es muy grande, haremos que los clústeres cercanos se fusionen.

Como ventajas de DBSCAN podemos reseñar su capacidad para localizar agrupaciones con formas geométricas arbitrarias y distintas densidades. A su vez, es destacable su resistencia al ruido y su robustez trabajando con conjuntos de datos en los que encontramos valores *outliers*. Además de todo esto, hay que añadir su eficiencia, ya que requiere un bajo coste en tiempo y recursos, por eso puede trabajar con conjuntos de datos muy grandes.

Pero también tiene desventajas, como que, en alguna ocasión (muy remota), puede presentar un comportamiento no determinista, si bien para corregir esto tenemos la variante DBSCAN* que trata los puntos del borde de los clústeres como ruido. Otro inconveniente es la dificultad para establecer unos valores adecuados de Eps y MinPts, ya que obtener unos valores óptimos es complejo y costoso. Un último aspecto desfavorable es que, si tenemos un clúster con una gran diferencia de densidades de puntos en su interior, no lo va a agrupar bien, generando dos agrupaciones diferentes.

Una variante de DBSCAN es el algoritmo OPTICS, acrónimo de ordenación de puntos para identificar la estructura de agrupamiento (en inglés *Ordering Points to Identify the Clustering Structure*). Este algoritmo fue propuesto en 1999 por Mihael Ankerst, Markus M. Breunig, Hans-Peter Kriegel y Jörg Sander (Ankerst, Breunig, Kriegel, & Sander, 1999). OPTICS resuelve el principal inconveniente de DBSCAN, los parámetros iniciales. Si bien también requiere unos valores de Eps y MinPts al igual que DBSCAN, difiere en que el valor Eps no determina la formación de los agrupamientos, sino que se usa para ayudar a reducir la complejidad de cálculo del algoritmo. OPTICS tampoco es un algoritmo que genere una propuesta de clústeres a partir de un conjunto de datos de entrada, como sí lo es DBSCAN. Lo que realmente hace es ordenar los puntos del conjunto de datos en función de su distancia de alcanzabilidad. Esto, que puede sonar muy complicado de entender, se simplifica con la siguiente figura:

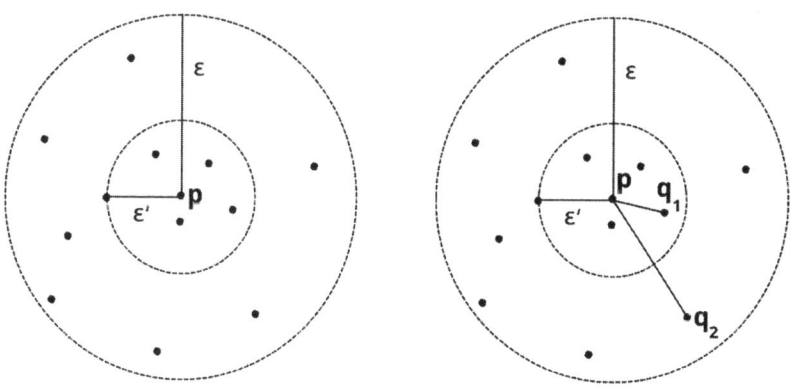

Se ha tomado un valor de MinPts = 6. La imagen de la izquierda muestra la distancia núcleo de p, que es el radio ε' mínimo tal que su ε'-vecindario contenga al menos 6 puntos. En la imagen derecha mostramos la distancia de alcanzabilidad de un punto q respecto de nuestro punto núcleo p, que será la mayor de las siguientes distancias:

— DISTANCIA NÚCLEO del punto p.
— DISTANCIA EUCLÍDEA entre los puntos p y q, que denotamos como d(p, q).

Esto hace que en el caso de p y q_1, la distancia de alcanzabilidad sea ε' porque es mayor que la distancia entre p y q_1. En el caso de p y q_2 la distancia de alcanzabilidad será la distancia euclídea entre p y q_2 debido a que esta es mayor que la distancia núcleo ε'.

Con estos conceptos acabamos de descubrir cómo funciona OPTICS: asigna a cada punto de nuestro conjunto de datos una distancia de alcanzabilidad. Para llevar a cabo esta labor, hace uso de un tipo de gráfico llamado gráfico de alcanzabilidad o *reachability plot*. Para poder explicar bien el algoritmo y sus gráficos vamos a usar el siguiente conjunto de datos como ejemplo:

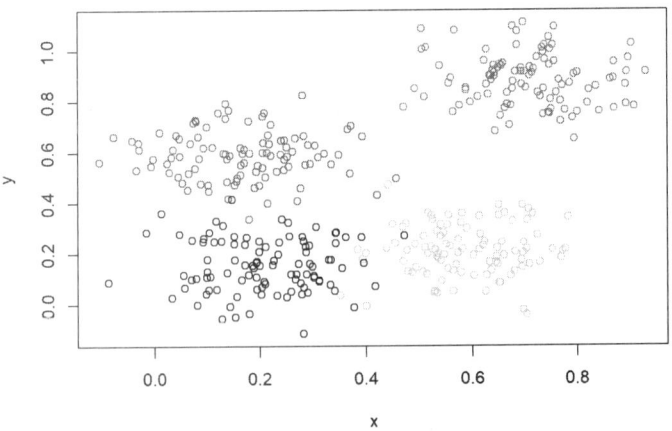

Aquí hemos aplicado el algoritmo OPTICS con el parámetro MinPts = 10. Ahora vamos a generar el *reachability plot* en el que se muestran las distancias de alcanzabilidad asignadas a cada punto:

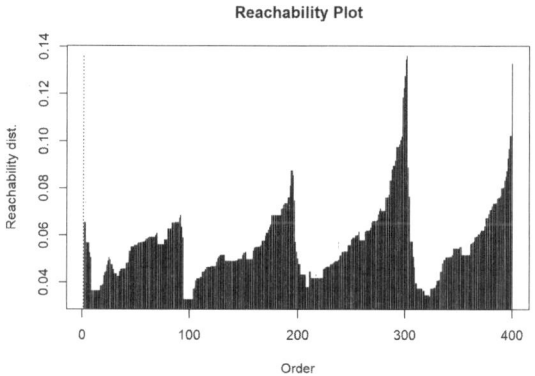

Los picos o zonas con valores más altos se corresponden con los valores *outliers* de nuestro gráfico. Las zonas del gráfico con valores más bajo, los valles, representan los clústeres. Cuanto más profundo sea el valle mostrado, más denso es el clúster. Se observan cuatro agrupamientos, lo cual encaja bastante bien con la gráfica de puntos de nuestro ejemplo.

Ahora veamos otra representación del diagrama de alcanzabilidad, en ella se muestran las trazas que dejan las distancias entre puntos cercanos del mismo agrupamiento y entre agrupamientos diferentes:

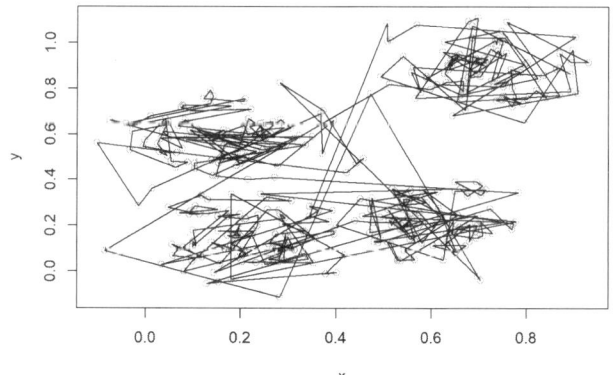

Un parámetro con el que podemos jugar a la hora de generar los agrupamientos es la máxima distancia de alcanzabilidad para definir qué es lo que consideramos como agrupamiento o clúster. Calibrando este valor, podremos conseguir un agrupamiento adecuado a nuestro conjunto de datos. Por lo tanto, podemos generar muchas combinaciones de clústeres en función de los límites fijados, lo que resulta muy útil en conjuntos de datos con agrupamientos complejos.

OPTICS, la variante de DBSCAN, se usa actualmente en multitud de ámbitos, desde geolocalización de dispositivos móviles tras una catástrofe para ayudar al rescate de las personas, hasta desarrollo de estrategias de juego en deportes como fútbol y baloncesto, estudios epidemiológicos y un largo etcétera.

XVIII. LOS *AUTOENCODERS* Y SU ENTRENAMIENTO NO SUPERVISADO

«No es el conocimiento, sino el acto de aprendizaje; y no la posesión, sino el acto de llegar a ella, lo que concede el mayor disfrute».
CARL FRIEDRICH GAUSS

En este bloque del libro estamos conociendo los algoritmos de aprendizaje no supervisado, donde ninguno de los algoritmos necesita de un entrenamiento previo al no tener datos etiquetados con los que alimentarlos. Imaginemos ahora un sistema capaz de entrenar con esos conjuntos de datos no etiquetados para descubrir en ellos detalles que a nosotros se nos escapan. Podríamos deducir que este tipo de sistema deberá ser una red neuronal, pero hemos visto que las redes neuronales necesitan datos etiquetados para aprender, por ello pertenecen al conjunto de modelos supervisados. En este capítulo, descubriremos unas redes neuronales artificiales capaces de trabajar con datos no etiquetados, identificando características en los datos que no se le han indicado previamente porque nosotros no las conocemos *a priori*. Este tipo de redes neuronales son los *autoencoders* o autocodificadores.

Los *autoencoders* fueron propuestos en 1991 por Mark A. Kramer, quien diseñó un sistema no lineal de análisis de componentes principales empleando una red neuronal. Este tipo de redes neuronales ya tuvieron varias aplicaciones en la década de los 90, comenzaron empleándose como reductores de dimensionalidad en conjuntos de datos, y también se usaban para aprender características. Sin embargo, por lo que realmente se ha hecho famoso este tipo de redes neuronales ha sido por los modelos generativos que tanto nos fascinan hoy en día. Debemos pensar que muchos de los sistemas de inteligencia artificial más potentes de nuestros días no son más que la unión de *autoencoders* con redes neuronales profundas. Si bien en los próximos capítulos hablaremos de los modelos colaborativos, es necesario tratar esta fusión de *autoencoders* con redes profundas en este capítulo para comprender mejor la importancia del *autoencoder*.

¿Qué es un *autoencoder*? Se trata de un tipo de red neuronal totalmente conectada, que alimentamos con un conjunto de datos no etiquetados y ella se entrena con ellos. Lo que la red neuronal aprende en este entrenamiento es a descubrir lo que conocemos como variables latentes: aquellas variables que están ocultas, que no son directamente observables pero que nos proporcionan una información fundamental sobre la distribución de los datos. Este comportamiento de las primeras capas ya lo explicamos en el capítulo catorce cuando describimos las redes neuronales convolucionales y descubrimos que en sus primeras capas iban tomando las características de más bajo nivel, aumentando el nivel de abstracción de las características conforme íbamos avanzando por las capas de nuestra red. En este caso, buscamos precisamente eso: obtener aquellas características esenciales que nos permiten definir el dato. Con estas variables latentes, lo que hace la red neuronal no es indicarlas o señalarlas, como estamos acostumbrados que haga una red neuronal, sino que reconstruye el dato original con precisión. Al leer esto, podemos pensar ¿estamos ante una red neuronal que lo único que hace es reproducir los datos de entrada a la salida de la red? Exacto, eso es lo que hacen los *autoencoders*, pero no lo veamos como algo trivial o sin sentido, ya que tiene numerosas aplicaciones: compresión de datos, eliminación de ruido en imágenes, preentrenamiento de redes neuronales, generación de datos sintéticos para aumentar los conjuntos de entrenamiento de otras redes neuronales, etc.

Veamos cómo es su estructura, porque tiene elementos muy característicos. Los *autoencoders* se componen de las siguientes partes básicas:

— CODIFICADOR O *ENCODER*: es el primer conjunto de capas de la red neuronal. Estas capas se encargan de transformar las entradas en una representación comprimida mediante la reducción de dimensionalidad. Las capas ocultas irán conteniendo una cantidad progresivamente menor de neuronas, dándole una forma característica descendente, lo que provoca que los datos se vayan comprimiendo. A esta parte la solemos llamar «red de conocimiento».

— CUELLO DE BOTELLA O «CÓDIGO»: esta parte central de la red neuronal es la más estrecha, contiene la representación más comprimida de la entrada. Si tomáramos el *autoencoder* como dos redes independientes colaborativas, podríamos considerar esta parte como la capa de salida del codificador, que a su vez sería la capa de entrada del decodificador. En esta capa encontramos el número mínimo de características importantes necesarias para poder hacer una buena reconstrucción de los datos de entrada.

— DECODIFICADOR O *DECODER*: esta parte tiene sus capas ocultas con una cantidad de neuronas que va creciendo progresivamente según avanzamos por sus capas, dándole esa forma creciente tan característica. Esta forma se debe a que la red va transformando esa representación comprimida de los datos hasta devolverlos a su estado original. A esta parte se la conoce como «red generativa». Para medir la bondad del *autoencoder*, comparamos la salida del decodificador con la entrada original, denominando a la diferencia entre ambas «error de reconstrucción».

Una característica importante de los *autoencoders* es que tienen la misma cantidad de neuronas en la capa de entrada y en la capa de salida, debido a que la intención es reproducir en la salida la entrada. Hemos visto que las capas ocultas deben tener un número inferior de neuronas que las capas de entrada y salida, porque si fueran todas las capas iguales sería trivial reproducir la entrada en la salida. A la hora de diseñar nuestro *autoencoder*, debemos escoger bien el tipo adecuado de red neuronal en el que lo vamos a basar, y esto dependerá del tipo de datos que usemos. El diseño del *autoencoder* tiene asociados los siguientes parámetros:

— Tamaño del cuello de botella: dependerá de cuánto queremos comprimir los datos de entrada. Este tamaño también nos sirve para contrarrestar el exceso o falta de ajuste de nuestra red.

— Cantidad de capas: los *autoencoders*, al igual que cualquier red neuronal, pueden ser más o menos profundos de acuerdo con nuestras necesidades, pero a aquellos *autoencoders* con varias capas profundas les hemos dado un nombre: *autoencoders* profundos o *autoencoders* apilados. La profundidad del *autoencoder* determina su complejidad, cuanto más profundo, más complejo. Asimismo, debemos tener en cuenta que según aumentemos la profundidad, también aumentará el tiempo de entrenamiento de la red.

— Cantidad de neuronas por capa: por norma general la cantidad de neuronas disminuye con cada capa del codificador, alcanzando su mínimo en el cuello de botella y aumentando en el decodificador, dándole esa forma tan característica de reloj de arena tumbado. El número de neuronas empleado en las capas variará dependiendo de la complejidad de los datos de entrada. Veámoslo en un esquema:

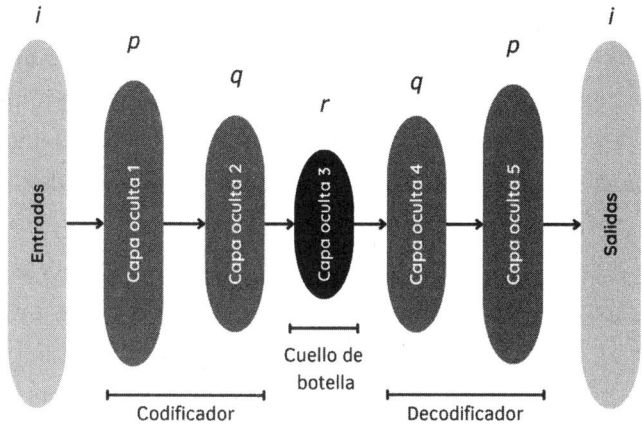

En la figura hemos representado el tamaño de la capa de entrada y salida como *i*, el tamaño de las capas ocultas 1 y 5 como *p*, el tamaño de las capas 2 y 4 como *q* y el tamaño de la capa oculta 3 como *r*. Al observar con detenimiento la figura, apreciamos que, según esta estructura, en un *autoencoder* se debe cumplir que $i > p > q > r$. Lo más común es que estas capas simétricas compartan los mismos pesos y *bias*, lo cual disminuye la cantidad de parámetros que debe ajustar la red, aumentando la velocidad de entrenamiento. Porque no debemos olvidar que, aunque nuestros datos no estén etiquetados, el *autoencoder* tiene entrenamiento. Si bien ambas partes de la red suelen ser simétricas, un aumento en exceso de las capas del decodificador, nos puede provocar problemas de sobreentrenamiento y hacer que la red no sea capaz de generalizar.

— FUNCIÓN DE PÉRDIDA: cuando entrenamos el *autoencoder*, la función de pérdida (aquella que mide la diferencia entre la salida y la entrada) se emplea para optimizar los pesos del modelo durante la retropropagación. El algoritmo que escojamos dependerá de la tarea para la que usemos nuestro modelo.

Una diferencia que encontramos entre los *autoencoders* y las redes neuronales descritas en el capítulo catorce es que los *autoencoders* no se entrenan usando conjuntos de entrenamiento etiquetados previamente, sino que se emplea la entrada para entrenar la red y conseguir que la salida sea lo más fiel posible a ella. Esto hace que las neuronas de la capa de salida cambien en este tipo de red neuronal, no encontrando en ella las neuronas *softmax*, que sí es habitual encontrar en el resto de redes neuronales.

En este punto, surge necesariamente la pregunta ¿Cómo se entrena el *autoencoder*? Depende del tamaño, pues aquellos con pocas capas se entrenarán como cualquier otra red neuronal similar, dependiendo de si nuestra arquitectura se basa en una red neuronal convolucional, en una red neuronal recurrente, etc. El asunto se complica cuando tenemos un *autoencoder* con múltiples capas ocultas, porque debemos hacerlo por partes para optimizar el tiempo de entrenamiento. Esto se resume en que entrenamos las capas más profundas a partir del resultado del entrenamiento previo de las capas más superficiales. Para entenderlo bien vamos a explicarlo con un modelo con tres capas ocultas:

— PRIMERA FASE: en esta fase solo se entrenan las capas de entrada, la primera capa oculta y la capa de salida. ¿Por qué se hace esto? Para que el *autoencoder* aprenda a reconstruir las entradas a partir de la codificación de la primera capa oculta.
— SEGUNDA FASE: usamos la salida de la primera capa oculta para entrenar la segunda capa oculta, que será una capa con una menor cantidad de neuronas. La razón para hacer esto es que la salida de la tercera capa oculta sea similar a los valores que obtuvimos en la primera capa, logrando un mayor nivel de compresión de los datos.
— TERCERA FASE: en la fase final copiamos los valores de los pesos y *bias* obtenidos en el entrenamiento para construir el *autoencoder* final, se apilan las capas entrenadas y ya tenemos nuestro *autoencoder* listo para funcionar.

Veamos estas fases en un esquema:

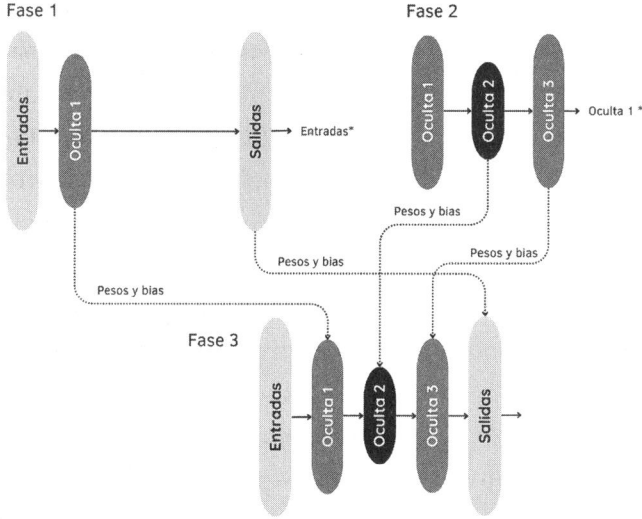

Hemos mencionado algunas de las utilidades de los *autoencoders*, pero una de las más extendidas es la de ayudar al entrenamiento de otras redes neuronales. Esto lo hacemos cuando tenemos pocos datos para entrenar, como ocurre cuando se hace segmentación de tumores o lesiones cerebrales, pues solo tenemos las imágenes de resonancia magnética de los hospitales con los que colaboramos y esto suele ser insuficiente. En estos casos, ayuda enormemente hacer un preentrenamiento con *autoencoders*. Este preentrenamiento consiste en diseñar un *autoencoder* que se adapte a nuestros datos, hacemos que entrene con ellos empleando todo nuestro conjunto de datos. Los datos con los que trabajamos pueden estar etiquetados o no, para el *autoencoder* poco importa. Cuando tenemos nuestro *autoencoder* bien entrenado, recopilamos todos los pesos y *bias* de las capas pertenecientes al codificador y al cuello de botella. El decodificador lo sacamos fuera y ponemos en su lugar la red neuronal que vayamos a usar con el conjunto de datos para resolver nuestro problema. Con esto conseguimos que la salida de la red neuronal conectada al *autoencoder* sea la clase o el valor que buscamos obtener. Cuando entrenemos esta red neuronal, lo haremos manteniendo los pesos y *bias* del *autoencoder* sin tocar. Como curiosidad, debemos destacar que estamos mezclando un primer entrenamiento no supervisado, el de nuestro *autoencoder*, con el entrenamiento supervisado posterior para la red neuronal conectada a él. Este emparejamiento de modelos proporciona ciertas ventajas:

— Nos ayuda a poder entrenar redes neuronales cuando tenemos muy pocos casos en nuestro conjunto de datos, lo hace reduciendo el número de atributos con los que va a trabajar la red neuronal.
— Sirve cuando tenemos un gran conjunto de datos, pero solo un pequeño subconjunto está etiquetado. Esto ocurre a menudo con resonancias magnéticas en hospitales, donde se necesitan resonancias para detectar un tipo de tumor, pero solo hay una pequeña parte etiquetada por los profesionales. Aquí, nuestro *autoencoder* tomaría todo el conjunto de datos para entrenarse y crear los atributos esenciales para su representación, después entrenaremos nuestra red con los datos etiquetados (dividiéndolos en conjuntos de entrenamiento, test y validación).

El uso de varios modelos colaborando juntos lo veremos en detalle más adelante; aun así, merecía la pena mencionar este caso aquí para comprender mejor el sentido de los *autoencoders*.

Acabamos de ver un ejemplo de *autoencoder*, pero tenemos muchos más. Algunos de ellos forman parte de nuestra vida cotidiana, llevando tiempo con nosotros sin que les demos importancia. Vamos a conocer algunos de los *autoencoders* existentes:

— *CONTRACTIVE AUTOENCODERS*: estos *autoencoders*, propuestos en 2011 por unos investigadores de la Universidad de Montreal (Rifai, 2011), fueron diseñados para que no les afectasen ni las variaciones menores de los datos ni el ruido presentes en los datos de entrada. Esto hace que sean más efectivos a la hora de capturar la información esencial en los datos y los hace más resistentes al sobreentrenamiento. Para conseguirlo, se les añade un parámetro de regularización en el entrenamiento, el cual penaliza a la red si cambia su salida ante cambios muy pequeños en la entrada.

— *SPARSE AUTOENCODERS*: estos *autoencoders*, en lugar de crear un cuello de botella reduciendo la cantidad de neuronas en cada capa oculta, crean un cuello de botella reduciendo la cantidad de neuronas que se pueden activar al mismo tiempo. Sabemos que un *autoencoder* estándar emplea toda la red neuronal para cada observación, pero los *sparse autoencoders* son penalizados por cada neurona que se active más allá de un cierto umbral. Con esto se consigue que el codificador y el decodificador tengan una mayor capacidad sin el riesgo de sobreentrenamiento, además de permitir que las capas ocultas tengan neuronas dedicadas a descubrir características específicas.

— *DENOISING AUTOENCODERS*: a estos *autoencoders* se les proporcionan datos de entrada parcialmente corruptos introduciéndoles ruido de manera aleatoria y se les entrena para restaurar la entrada original eliminando el ruido mediante la reducción de dimensionalidad. Este tipo de *autoencoder* fue propuesto en 2008 por Pascal Vincent, Hugo Larochelle, Yoshua Bengio y Pierre-Antoine Manzagol en la Conferencia Internacional de *Machine Learning* (Pascal Vincent, 2008). A diferencia de otros *autoencoders*, los *denoising autoencoders* no tienen el dato real como dato de entrada, sino que se le añade ruido al dato de dos formas:

— Introduciendo ruido aleatorio en la capa de entrada. Esto se puede hacer con un generador de ruido gaussiano.

— Eliminando algunas entradas de manera aleatoria.

Durante la fase de entrenamiento, el error de reconstrucción no se mide con la entrada con ruido que recibe el modelo, sino con la entrada original sin ruido. De este modo, se consigue que aprenda a eliminar el ruido. Esta técnica de entrenamiento hace que este tipo de *autoencoders* sean muy útiles para descartar imágenes ruidosas o eliminar ruido de audios, por lo que es muy habitual su uso entre las personas que hacen pódcast. Además, los *denoising autoencoders* han servido como paradigmas de entrenamiento para modelos como Stable diffusion.

— *VARIATIONAL AUTOENCODERS*: este tipo de *autoencoders* fue propuesto en 2013 por Diederik P. Kingma y Max Welling (D. P. Kingma, 2013). Se trata de modelos que aprenden las representaciones comprimidas de sus datos de entrenamiento como distribuciones probabilísticas, que son usadas para generar nuevos datos de muestra creando variaciones de esas representaciones. La principal diferencia con el resto de *autoencoders* es que, mientras estos producen una codificación para la instancia de entrada, los *variational autoencoders* producen una codificación media y una desviación típica. Gracias a que hacen una captura de los atributos latentes como una distribución de probabilidad, aprendiendo una codificación estocástica en lugar de una codificación determinista, permiten la interpolación y el muestreo aleatorio, lo que amplía sus capacidades y casos de uso. En resumen, los *variational autoencoders* son un ejemplo de lo que conocemos como inteligencia artificial generativa. Cuando acudimos a ellos para tareas generativas, con frecuencia se descarta su codificador tras el entrenamiento y solo trabajamos con el decodificador. Las evoluciones más avanzadas de estos modelos permiten a los usuarios un mayor control sobre las muestras generadas al proporcionar entradas condicionales que modifican la salida del codificador. Esto lo vemos en aplicaciones como Dall-E, pero también en la generación de estructuras moleculares para el diseño de medicamentos.

Quinta parte

COMBINACIÓN DE MODELOS

XIX. LA UNIÓN HACE LA FUERZA: COMBINANDO MODELOS PARA OBTENER MEJORES RESULTADOS

«Unidos; resistimos. Divididos; caemos. No nos separemos en facciones que deben destruir la unión de la que depende nuestra existencia».
PATRICK HENRY

A lo largo de este libro hemos ido descubriendo los diferentes algoritmos de inteligencia artificial y analizando sus fortalezas y debilidades. No obstante, no debemos quedarnos ahí, porque esta rama de conocimiento está en una constante búsqueda de mejores modelos para afrontar problemas cada vez más complejos con mayor exactitud. Una estrategia para alcanzar esta mejora consiste en la combinación de modelos para obtener un sistema mucho más complejo capaz de tomar decisiones más acertadas.

Como muchos de los algoritmos descritos a lo largo de este texto, la hibridación de modelos tiene una base biológica, un ejemplo es nuestro sistema nervioso central, que podemos considerar una composición híbrida de muchas unidades computacionales diferentes. Por lo tanto, no resulta extraño que copiemos a la biología y desarrollemos sistemas híbridos de toma de decisiones. La siguiente figura muestra una representación sencilla de los dominios computacionales cubiertos por estos sistemas híbridos:

En este capítulo nos vamos a centrar en los clasificadores combinados. Si bien puede parecer algo novedoso, la idea de combinar clasificadores fue propuesta por primera vez en 1965 por C. K. Chow (Chow, 1965), quien planteó las condiciones para la optimalidad de la decisión conjunta de clasificadores independientes binarios con pesos definidos. En 1979, Dasarathy y Sheela combinaron un clasificador lineal y un k-NN para identificar aquella región del espacio de características donde ambos clasificadores entraban en desacuerdo (B.V. Dasarathy, 1979). En su combinación, el k-NN daba la respuesta para aquellos objetos provenientes de regiones conflictivas y el clasificador lineal daba la respuesta del resto de objetos, lo que aumentaba la eficiencia del clasificador. En los años posteriores, la popularidad de estos algoritmos ha sido muy notable, publicándose numerosos artículos científicos proponiendo nuevas aproximaciones. Actualmente, se sigue recurriendo a ellos para muchos ámbitos, tales como investigación científica, diagnóstico médico y sectores como el bancario.

A la hora de construir un clasificador combinado tenemos dos opciones:

— Combinar clasificadores trabajando en paralelo: aquí emplearemos varios clasificadores del mismo modelo o algoritmo, los pondremos a trabajar con el conjunto de entrenamiento y tomaremos una decisión combinando las decisiones de cada uno de los clasificadores usados.

— Combinar clasificadores de manera secuencial: aquí emplearemos clasificadores de diferentes modelos o algoritmos. Cada clasificador toma como entradas las salidas del clasificador anterior, de este modo cada uno captura algunas características clave del problema a resolver.

Merece la pena explicar ambas opciones en detalle ya que presentan características interesantes y así entenderemos cómo se construyen.

COMBINACIÓN DE CLASIFICADORES TRABAJANDO EN PARALELO

Esta opción consiste en alterar el conjunto de datos de entrenamiento para ser capaces de generar una gran cantidad de clasificadores. Estos clasificadores serán muy similares entre ellos, pero no idénticos, proporcionando diversidad de resultados parciales al clasificador combinado. ¿Qué hacemos con todos estos resultados parciales? Es muy sencillo, se mezclan del mismo modo que en la democracia se combinan las opiniones de la ciudadanía, mediante un sistema de votaciones. Pero hay dos aproximaciones a la hora de manejar estas votaciones:

Bagging: esta técnica genera cientos o miles de conjuntos de entrenamiento a partir del conjunto de datos original mediante lo que conocemos como muestreo con reemplazo: de un conjunto de N elementos, tomamos de manera aleatoria un número N' de elementos, de manera que N' sea menor que N. Al hacer este muestreo, podemos usar un mismo elemento más de una vez. Es habitual encontrar casos en los que el número de elementos tomado es igual que el tamaño de nuestro conjunto de datos, en este caso existirán siempre elementos repetidos.

A veces nos puede interesar que no todas las variables de nuestro conjunto de datos estén en todos los subconjuntos tomados, para ello generaremos subconjuntos con diferentes variables, que nos servirá para reducir el grado de colinealidad entre variables y para que emerjan aquellas variables relevantes que puedan quedar descartadas frente a otras variables.

Cuando ya disponemos de los conjuntos de entrenamiento, construimos nuestros clasificadores a razón de un clasificador por conjunto de entrenamiento. En el caso del *bagging*, es muy común usar árboles de decisión, de los que comentamos en el capítulo trece que por sí solos no eran buenos clasificadores. Sin embargo, cuando se juntan muchos árboles de decisión, construyendo un RANDOM FOREST, se minimizan los errores de los árboles y se obtiene una decisión final muy precisa.

A la hora de tomar la decisión final, se hace por mayoría, por lo que se da el mismo peso a todas las decisiones de cada uno de los clasificadores pequeños que se están combinando. Esto hace que la clase resultante de nuestro clasificador sea aquella más votada, esto es, la elegida por el mayor número de clasificadores.

A la hora de evaluar la bondad de estos modelos combinados tomamos como error estimado la media de los errores de cada clasificador con los elementos que no han entrado en su conjunto de entrenamiento. Como cada clasificador no usa todos los datos, nos ahorramos tener un conjunto de datos de test (aunque, siempre que sea posible, se recomienda tener un conjunto de datos de test para hacer una evaluación del modelo). A esta técnica la llamamos *out-of-bag*. El *bagging* se suele usar con datos que presentan poco sesgo y una alta varianza. Esta técnica evita el sobreentrenamiento.

Vamos a ver de una forma gráfica este proceso de creación de un clasificador combinado mediante *bagging*:

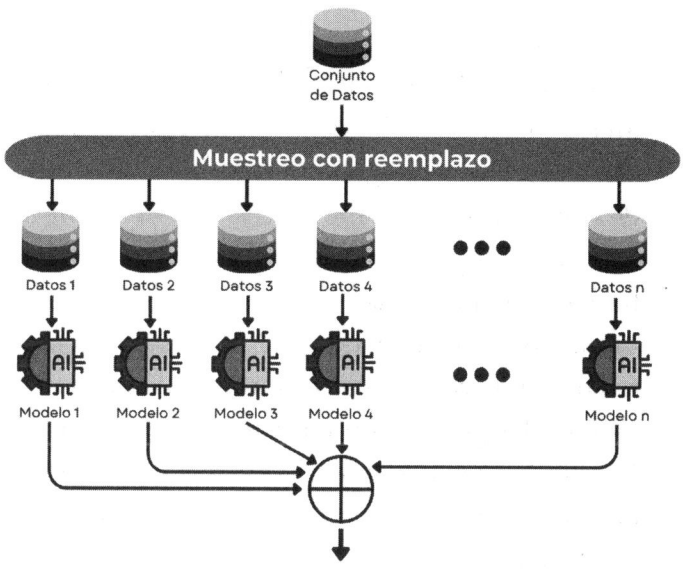

Conjunto de Datos

Muestreo con reemplazo

Datos 1   Datos 2   Datos 3   Datos 4   Datos n

Modelo 1   Modelo 2   Modelo 3   Modelo 4   Modelo n

— *BOOSTING*: esta aproximación también combina una serie de clasificadores débiles para transformarlos en un clasificador fuerte con el objetivo de minimizar los errores. Para ello, se selecciona una muestra aleatoria de datos de entrenamiento, los cuales se ajustan al modelo que usaremos para entrenar con ellos. Como hemos aprendido a lo largo de estas páginas, todos los modelos cometen errores. Por esta razón, para construir el siguiente clasificador, que irá conectado al primero, se calibran los elementos del conjunto de entrenamiento y así dar más peso a aquellos que fueron clasificados erróneamente por el modelo anterior. Este aumento en el peso de los elementos que fueron mal clasificados hace que, al construir el clasificador siguiente, este los tenga más en cuenta y sea capaz de corregir el error del clasificador anterior. Esto se lleva a cabo de forma secuencial, ponderando datos y añadiendo tantos clasificadores como necesitemos. Cada modelo trata de compensar las debilidades de su predecesor mientras mantiene las decisiones correctas que este ha tomado, por lo que, con cada iteración, las reglas débiles de cada clasificador individual se combinan para formar una única regla de predicción fuerte.

Pero ahora nos surge una duda: ¿Cuándo dejamos de añadir clasificadores? Para saber cuándo parar se otorga una serie de pesos a los clasificadores, que suele ser descendente: cuanto más aporte un clasificador más peso se le da, por lo que los primeros clasificadores aportarán más que los últimos. Con este criterio se antoja lógico parar cuando el siguiente clasificador a insertar no aporte ninguna mejora con respecto al anterior. Sabemos lo que aporta cada clasificador porque vamos creando nuestra combinación de manera secuencial: añadimos un clasificador, lo entrenamos y evaluamos para conocer lo que mejora nuestra clasificación con él y sus errores. Una vez tenemos el clasificador combinado final montado, cuando ya no mejora añadiendo nuevos clasificadores, se hace un test final para evaluar nuestro sistema combinado.

El *boosting* se emplea cuando estamos ante un conjunto de datos con mucho sesgo y baja varianza. Uno de los problemas que encontraremos con este método es que puede sufrir sobreentrenamiento, por lo que es muy importante usar un conjunto de test para evaluar cada etapa de construcción del modelo y así detener el proceso cuando el error en el conjunto de test comience a aumentar.

Los algoritmos de *boosting* pueden variar en la manera de crear y añadir clasificadores durante el proceso secuencial, siendo los métodos de *boosting* más conocidos:

— Boosting adaptativo o *AdaBoost*: esta es la variación más popular del algoritmo de *boosting*. Fue descrita en 1996 por Freund y Schapire (Yoav Freund, 1996). Se trata del método iterativo que acabamos de describir: va identificando los elementos del conjunto de datos mal clasificados y ajusta sus pesos para minimizar el error de entrenamiento al añadir un nuevo clasificador. El modelo se va optimizando de forma secuencial hasta obtener el clasificador más fuerte.

— *Boosting* de gradiente: se basa en la idea de Leo Breiman según la cual el *boosting* puede entenderse como un algoritmo de optimización basado en una función de coste (Breiman, 1997). Apoyándose en esta idea, Jerome H. Friedman implementó el *boosting* del gradiente en 1999 (Friedman, 1999). Este algoritmo va agregando clasificadores de manera secuencial a un conjunto en el que cada uno corrige los errores de su predecesor, pero en lugar de cambiar el peso de los elementos del conjunto de datos, entrena los errores residuales del modelo anterior. Consiste en una combinación del algoritmo del descenso del gradiente y el método de *boosting*.

— *Boosting* de gradiente extremo o *XGBoost*: esta es una variante del *boosting* del gradiente, diseñada para mejorar la velocidad y la escalabilidad computacionales. Emplea múltiples núcleos de CPU, lo que permite hacer el aprendizaje en paralelo durante el entrenamiento.

Como ventajas del *boosting* debemos destacar su facilidad de implementación, su capacidad de reducir el sesgo y su alta eficiencia computacional.

En la siguiente figura se muestra el esquema básico de un modelo combinado mediante *boosting*:

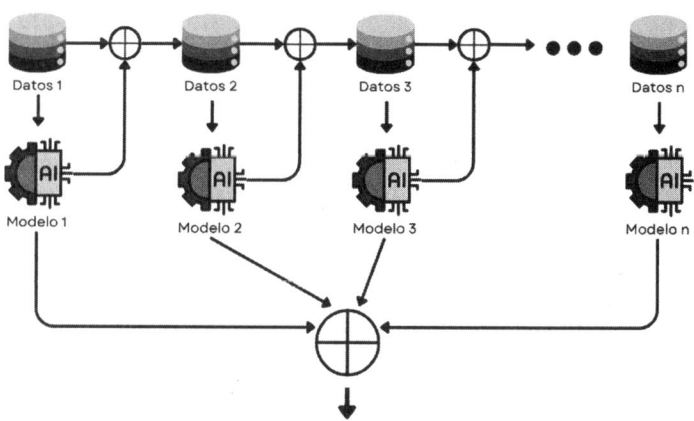

COMBINACIÓN DE CLASIFICADORES
DE MANERA SECUENCIAL

Esta aproximación a la hora de crear clasificadores combinados tiene como objetivo la obtención de un clasificador a partir de clasificadores base muy diferentes entre sí. La finalidad de usar clasificadores diferentes es aumentar la diversidad en las predicciones y aprovechar todo el conocimiento que se pueda conseguir del conjunto de datos.

Ya hemos visto un ejemplo de esto en el capítulo anterior, al usar la mitad de un *autoencoder* como etapa previa para una red convolucional, pero podemos combinar sistemas aún más diferentes como árboles de decisión y redes neuronales o cualquier cosa que se nos ocurra. Debemos tener cuidado porque no debemos utilizar esta técnica a lo loco, sino más bien cuando el problema que deseamos resolver tenga una naturaleza secuencial. Un ejemplo lo encontramos en el diagnóstico de tumores analizando imágenes de resonancia magnética en 3D, donde, al tener una gran variedad de tumores diferentes con distintos estados, no podemos predecir el tipo de tumor porque necesitaríamos entrenar la red con toda esa variedad y tener una salida para cada tipo de tumor. Esto no solo sería inviable, sino que habría que reentrenar el modelo cada vez que se conozca un tipo de tumor nuevo. Una mejor aproximación sería desarrollar una secuencia de decisiones parciales, comenzando por las más sencillas (hay un tumor o no) que vamos complicando a cada paso, con decisiones como si es benigno o maligno, su grado de malignidad..., hasta llegar a tener toda la información que necesitamos para hacer un buen diagnóstico. De hecho, estos son los mismos pasos lógicos que daría un equipo de diagnóstico humano, basando cada paso en el resultado del paso anterior. Continuando con nuestro ejemplo, la persona que analiza la resonancia magnética detecta una masa anómala y la indica, esto se lo pasa a un equipo médico que determina si es un tumor, un trombo, una lesión, etc. A continuación, otro equipo especializado estudia si ese tumor es maligno o si es benigno, si afecta al funcionamiento de algún órgano, su malignidad..., así hasta tomar la decisión final de si se debe extraer y cómo. Debemos imaginar cada clasificador como un experto que aporta su conocimiento. Al igual que hacemos con los expertos humanos, comenzaremos con modelos sencillos a los que iremos añadiendo modelos cada vez más complejos.

El proceso de creación del clasificador final es secuencial porque vamos generando decisiones parciales con cada clasificador y las usamos para obtener la decisión final que buscamos. Al igual que sucedía con la combinación paralela de clasificadores, tenemos dos métodos diferentes dependiendo de cómo alimentamos de datos al clasificador:

— APILAMIENTO O *STACKING*: este método consiste en desarrollar diferentes clasificadores sencillos de manera que cada uno genere una decisión parcial para cada elemento de entrada de nuestro conjunto de entrenamiento. A continuación, construimos un clasificador nuevo que tomará como datos de entrada las salidas de estos clasificadores parciales. Atención, este clasificador puede ser cualquier elemento: existen ejemplos con redes neuronales, con árboles de decisión e incluso con modelos de regresión logística. Veamos un esquema para entenderlo mejor:

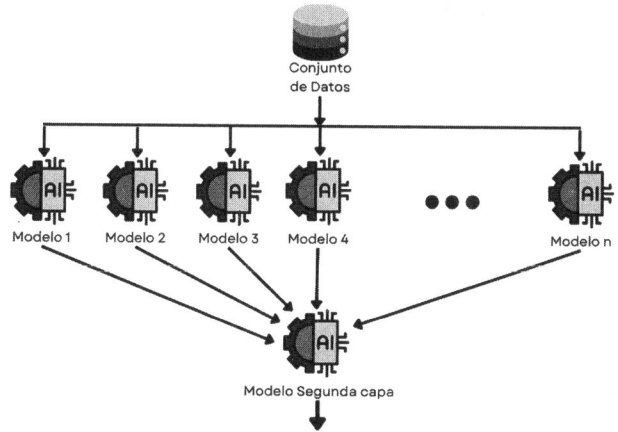

Este tipo de arquitectura puede repetirse en diferentes niveles, como una lasaña. En cada nivel combinamos las decisiones del clasificador combinado del nivel anterior. Por ello, se le denomina técnica apilamiento.

Debemos tener cuidado a la hora de aplicar esta aproximación y evitar crear un clasificador demasiado especializado, ya que puede ocurrir que no sea capaz de generalizar ante nuevos datos.

— *CASCADING*: este método es similar al anterior, pero además de usar las predicciones parciales de los clasificadores, alimentamos al segundo clasificador también con el conjunto de datos original. En ocasiones, se añaden nuevos datos creados en la toma de decisiones de los primeros clasificadores. Esta técnica da lugar a clasificadores muy precisos, por lo que se suele emplear cuando no nos podemos permitir cometer un error, como es la detección de transacciones bancarias fraudulentas o detección de tumores.

Ya podemos afirmar que conocemos cómo se combinan diferentes modelos de inteligencia artificial para dar lugar a un sistema combinado capaz de resolver un problema con mayor precisión. Al tener una gran cantidad de modelos tomando decisiones se complica la interpretación de los resultados, pero existen técnicas para medir la importancia relativa de cada variable en el conjunto, lo cual nos facilita interpretar cómo ha llegado nuestro clasificador combinado a una cierta solución.

Sexta parte

APRENDIZAJE POR REFUERZO

XX: APRENDIENDO COMO HUMANOS

«Enseñando aprendemos».
SÉNECA

Todo el conocimiento adquirido a lo largo de este libro sobre los métodos de aprendizaje supervisado y no supervisado nos permite afirmar que ninguna de estas técnicas se parece a la forma de aprender que tenemos los humanos, ya sea con alguien que nos corrige cuando nos equivocamos o simplemente por ensayo y error. Este tipo de aprendizajes también existe en el ámbito de la inteligencia artificial, lo conocemos como APRENDIZAJE POR REFUERZO.

Entendemos el aprendizaje por refuerzo como aquel que ocurre al asociar situaciones a acciones con el fin de maximizar una recompensa. Simplificando, este tipo de aprendizaje aborda problemas de ciclo cerrado en los que las acciones de nuestro sistema influyen en sus futuras entradas. Al contrario de lo que sucede en un sistema supervisado, nuestro modelo no sabe *a priori* qué acciones tomar, sino que debe descubrir cuáles de las posibles acciones proporcionan una mayor recompensa si las realiza, esto le hace adecuado para entornos en los que hay interacción (en los que un modelo supervisado no funciona bien). Las decisiones tomadas por el sistema no solo afectan a la recompensa inmediata, sino que también generan una nueva situación con sus consecuentes recompensas. En resumen, el aprendizaje por refuerzo posee las siguientes características:

1. Es un sistema de ciclo cerrado.
2. No tiene instrucciones directas sobre qué acciones debe realizar.
3. Las consecuencias de las acciones tomadas se extienden en el tiempo.

Ante un problema que cumpla estas características, debemos aplicar un método de aprendizaje por refuerzo. Un ejemplo se da en los modelos conversacionales que hoy en día son tan populares, según vamos hablando con algunos chatbots, vamos descubriendo que estos sistemas parecen estar aprendiendo a lo largo de nuestra conversación. No es magia ni es que el sistema tenga conciencia: estamos ante un modelo de aprendizaje por refuerzo.

Podríamos cometer el error de querer meter el aprendizaje por refuerzo dentro del aprendizaje no supervisado debido a que buscamos soluciones dentro de datos no etiquetados. No tienen nada que ver: el sistema de aprendizaje no supervisado busca patrones escondidos, mientras que el aprendizaje por refuerzo intenta maximizar una señal de recompensa. Por lo tanto, estamos ante un tercer tipo de aprendizaje, quizá menos explicado en divulgación y por ese motivo menos conocido entre la población.

Podríamos considerar que los sistemas de aprendizaje por refuerzo son algo perfecto, pues se adaptan a entornos interactivos como conversaciones, conducción, videojuegos, etc. Pero también tienen algunos problemas, uno de ellos es el equilibrio entre exploración y explotación. Pensemos que estos sistemas buscan maximizar la obtención de recompensas, para ello pueden preferir acciones que han probado en el pasado y que les hayan proporcionado una recompensa alta. Pero para descubrir estas acciones con altas recompensas debe testar acciones que son nuevas para él. Podríamos decir que el sistema ha de explotar lo que ya conoce para obtener recompensa, pero también debe hacerlo para obtener mejores recompensas en el futuro. Aquí encontramos un dilema: ni la explotación, ni la exploración pueden perseguirse de manera exclusiva porque el sistema fallará estrepitosamente. Hemos visto noticias en medios de sistemas de inteligencia artificial que jugaban a un videojuego y acababan repitiendo una misma acción todo el tiempo. Esto se debía a que estaban explotando la acción que les había proporcionado una gran recompensa y eran incapaces de explorar nuevas acciones. Por lo tanto, nuestro sistema debe probar una cierta variedad de acciones e ir progresivamente favoreciendo aquellas que parecen mejores. Dicho de otro modo: cada acción debe ser intentada las veces suficientes para poder obtener una estimación fiable de su recompensa esperada. Este dilema de explotación-exploración ha sido estudiado por matemáticos durante décadas, lo que nos da una idea de su enorme complejidad.

Los modelos de aprendizaje por refuerzo están muy extendidos en la actualidad y es común encontrarlos en sistemas de control en tiempo real, en sistemas que juegan a juegos de mesa, en videojuegos, en conducción autónoma, en sistemas conversacionales, en mantenimiento predictivo, en robots, en maquinaria industrial y en un largo etcétera. Por poner un ejemplo famoso: la inteligencia artificial AlphaGo Zero, que se hizo popular por ser capaz de jugar al juego de mesa Go y ganar a campeones humanos (además de a su predecesora AlphaGo), es un modelo de aprendizaje por refuerzo. También lo es su sucesora AlphaZero. Otro ejemplo muy conocido y usado es ChatGPT, que combina un sistema de aprendizaje por refuerzo con una red generativa basada en un modelo de procesado del lenguaje natural.

Una vez más podríamos pensar que el aprendizaje por refuerzo es un recién llegado al ámbito de la inteligencia artificial. Esto no es para nada cierto, ya que su aparición se remonta a algunos de los primeros trabajos en inteligencia artificial y tuvieron una gran popularidad en la década de los 80. Por poner un ejemplo: unos de los primeros sistemas de aprendizaje por refuerzo fueron desarrollados a mediados de los años 50 por Richard Bellman y sus colaboradores. Este equipo llegó a publicar varios artículos científicos en los que proponían controladores capaces de minimizar la medida de una dinámica del comportamiento del sistema a lo largo del tiempo. Estos primeros sistemas estaban basados en lo que conocemos como ensayo-error, pero poco a poco se fueron mejorando y haciendo más sofisticados.

Pasemos a enumerar los componentes de un sistema de aprendizaje por refuerzo para poder comprenderlos mejor:

— ESPACIO DE ESTADOS: contiene toda la información disponible sobre la tarea a realizar por nuestro sistema que es relevante a la hora de tomar decisiones. Puede cambiar con cada decisión tomada por el sistema.
— ESPACIO DE ACCIÓN: contiene todas las decisiones posibles que puede tomar nuestro sistema. Es muy similar a cuando vimos el recorrido de árboles en el capítulo siete y mostrábamos un árbol con todos los nodos alcanzables por nuestro robot en un determinado momento. Puede ser un conjunto de decisiones simple, como en el ejemplo del capítulo siete, o puede complicarse como en el caso de los sistemas conversacionales, donde el espacio de acción comprende todo el vocabulario.
— FUNCIÓN DE RECOMPENSA: la recompensa se usa para medir el éxito o el progreso de nuestro sistema, es su incentivo a la hora de tomar decisiones. Esta función puede ser complicada de definir. Por ejemplo, en el ajedrez sería un error tomar como recompensa la cantidad de piezas comidas o la distancia de nuestras piezas al rey contrario. Esto hace que obtener la función de recompensa adecuada a nuestro problema sea una de las labores más complejas a la hora de diseñar un modelo de aprendizaje por refuerzo. En los sistemas conversacionales solemos usar una cuantifica-

ción de las respuestas positivas o negativas que el sistema recibe de los humanos que interactúan con él. Podemos encontrar sistemas que reciben la recompensa mediante la puntuación dada por un entrenador humano. También conocemos a la función de recompensa con el nombre de RETROALIMENTACIÓN.

— RESTRICCIONES: a veces se hace necesario acompañar la función de recompensa con penalizaciones o recompensas negativas para evitar comportamientos que sean contraproducentes para la tarea que debe desempeñar nuestro sistema. Ejemplos de esto son: la penalización por colisión en los sistemas de conducción autónoma o la penalización por usar expresiones obscenas en un chatbot.

— POLÍTICA: es la estrategia que impulsa el comportamiento de nuestro sistema. De manera matemática, lo podemos expresar como una función que toma un estado como entrada y devuelve una acción.

A modo resumen, el objetivo de un algoritmo de aprendizaje por refuerzo sería la optimización de una política con el fin de obtener la máxima recompensa.

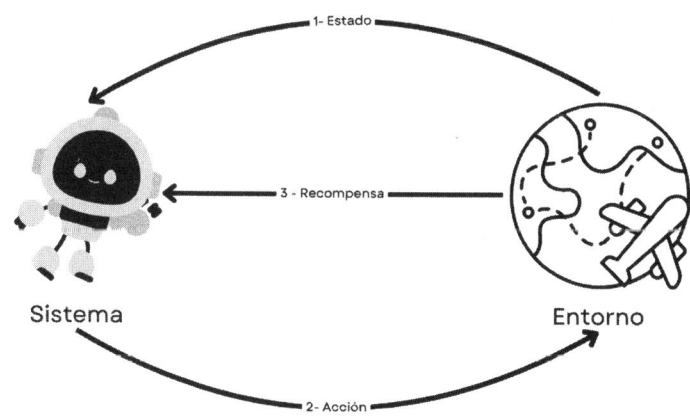

Encontramos sistemas de aprendizaje por refuerzo profundo en los que la política viene representada por una red neuronal que se va actualizando durante el entrenamiento dependiendo de la función de recompensa. En estos casos, el sistema aprende del mismo modo que aprendemos los humanos: basándose en su experiencia.

Pero ¿cómo funcionan estos algoritmos? Supongamos que desarrollamos un sistema de aprendizaje no supervisado. En el instante inicial, nuestro modelo no tiene ningún tipo de conocimiento sobre lo que debe hacer ni cómo debe hacerlo, por lo que se encuentra en una fase de reconocimiento; esto es, recorrerá el espacio de estados y tomará una de las posibles acciones de manera aleatoria. En función del valor de la recompensa recibida irá captando qué acciones le devuelven una mayor recompensa y cuáles no, aprendiendo de esta forma a hacer las cosas «bien». Este aprendizaje lo irá almacenando en su política. Sabiendo esto, deducimos que no debemos poner un sistema de este tipo a trabajar en un entorno real desde cero, necesita un proceso de aprendizaje, trabajando en entornos simulados durante muchas veces, hasta tener una política optimizada y poder soltarle en el mundo real. También existe la opción de hacer un ajuste previo con modelos supervisados antes del entrenamiento de nuestro sistema para optimizar su proceso de aprendizaje. Lo más habitual es cerrar la retroalimentación en el momento en que nuestro sistema está en el mundo real, teniendo un modelo bien entrenado pero que no sigue aprendiendo. Esto se suele hacer por seguridad, así garantizamos que el nuestro algoritmo tiene un comportamiento controlado.

Un problema de los sistemas de aprendizaje por refuerzo son los sesgos, sobre todo en aquellos que obtienen la recompensa de un humano. A la hora de entrenar estos sistemas debemos ser muy cuidadosos y valorar bien tanto la función de recompensa como las respuestas que dan las personas responsables del entrenamiento para evitar introducirles comportamientos sesgados. Una vez más, el sesgo no está en el algoritmo que hemos diseñado, sino en el entrenamiento que le damos: tanto a la hora de escoger las situaciones como a la hora de recompensar ciertos comportamientos. Por este motivo, es vital planificar bien los entrenamientos evaluando posibles sesgos conscientes e inconscientes que podamos introducir, siendo importante emplear equipos de trabajo lo más diversos posibles.

Al igual que sucede con muchos otros sistemas de aprendizaje automático, debemos prestar especial atención al sobreentrenamiento, ya que estos modelos también son susceptibles de adquirirlo y ser incapaces de enfrentarse a situaciones nuevas.

Bibliografía

Amari, S. I. (1972). earning patterns and pattern sequences by self-organizing nets of. *IEEE Transactions, C* 21, 1197-1206.

Ankerst, M., Breunig, M. M., Kriegel, H.-P., & Sander, J. (1999). OPTICS: Ordering Points To Identify the Clustering Structure. *ACM SIGMOD international conference on Management of data. ACM Press.,* 49-60.

B.V. Dasarathy, B. S. (1979). A composite classifier system design: Concepts and methodology. *Proceedings of the IEEE,* 708-713.

Badaró S., I. L. (2013). SISTEMAS EXPERTOS: fundamentos, metodologías y aplicaciones. *Ciencia y Tecnología,* 349-363.

Beatriz Zolezzi del Río, R. C. (1990). Sistemas expertos, conceptos generales y su aplicación comercial. *Tecnología en Marcha,* 16-24.

Breiman, L. (1997). Arcing the Edge. *Technical Report 486. Statistics Department, University of California,*.

Bremermann, H. (1962). Optimization through evolution and recombination. *Self-organizing systems.*

Chang W., G. N. (2019). *NIST Big Data Interoperability Framework: Volume 1, Definitions.* Special Publication (NIST SP), National Institute of Standards and Technology.

Cho, K., van Merrienboer, B., Bahdanau, D., Bougares, F., Schwenk, H., & Bengio, Y. (2014). Learning Phrase Representations using RNN Encoder-Decoder for Statistical Machine Translation. *Association for Computational Linguistics.*

Chow, C. K. (1965). Statistical Independence and Threshold Functions. *IEEE Transactions on Electronic Computers,* 66-68.

Davenport, T. H. (2007). *Competing on analytics: The New Science of Winning.* Harvard Business Press.

Diederik P Kingma, M. W. (2013). Auto-Encoding Variational Bayes. *International Conference on Learning Representations.*

Elgiriyewithana, N. (6 de enero de 2024). *Kaggle.* Obtenido de https://www.kaggle.com/datasets/nelgiriyewithana/new-york-housing-market/data

Ester, M., Kriegel, H.-P., Sander, J., & Xu, X. (1996). A density-based algorithm for discovering clusters in large spatial databases with noise. *Proceedings of the Second International Conference on Knowledge Discovery and Data Mining,* 226-231.

Evelyn Fix, J. H. (1951). Discriminatory Analysis. Nonparametric Discrimination: Consistency Properties (Report). *USAF School of Aviation Medicine.*

Fay Chang, J. D. (2006). Bigtable: A Distributed Storage System for Structured Data. *7th USENIX Symposium on Operating Systems Design and Implementation (OSDI)*, 205-218.

Fedesoriano. (Septiembre de 2021). *Heart Failure Prediction Dataset. Retrieved [Date Retrieved]*. Obtenido de https://www.kaggle.com/fedesoriano/heart-failure-prediction

Forgy, E. (1965). Cluster Analysis of Multivariate Data: Efficiency versus Interpretability of Classifications. *Biometrics*, 21, 768-780.

Friedberg, R. M. (1958). A Learning Machine: Part I. *IBM Journal*, 2 (1): 2-13.

Friedberg, R. M. (1959). A Learning Machine: Part II. *IBM Journal*, 3 (7): 282-287.

Friedman, J. H. (1999). Greedy Function Approximation: A Gradient Boosting Machine. *The Annals of Statistics*, 1189-1232 .

Galton, F. (1886). Regression Towards Mediocrity in Hereditary Stature. *The Journal of the Anthropological Institute of Great Britain and Ireland*, 246-263.

Galton, F. (1889). *Natural inheritance*. London-New York: MacMillan.

Holland, J. H. (1975). *Adaptation in Natural and Artificial Systems*. University of Michigan Press.

James Bergstra, Y. B. (2013). Random Search for Hyper-Parameter Optimization. *Journal of Machine Learning Research* , 281-305.

Jasper Snoek, H. L. (2012). Practical Bayesian Optimization of Machine Learning Algorithms. *Advances in Neural Information Processing Systems*.

K. He, X. Z. (2016). Deep Residual Learning for Image Recognition,. *IEEE Conference on Computer Vision and Pattern Recognition (CVPR), Las Vegas, NV, USA*, 770-778.

Kord Davis, D. P. (2012). *Ethics of Big Data*. O'Reilly.

Krizhevsky, A. S. (2012). Imagenet Classification with Deep ConvolutionalNeural Networks. *Advances in Neural Information Processing Systems*, 1097–1105.

LeCun, Y. a. (1989). Backpropagation Applied to Handwritten Zip Code Recognition. *Neural Computation*, vol. 1, no. 4, pp. 541-551.

Lecun, Y., Bottou, L., Bengio, Y., & Haffner, P. (1998). Gradient-based learning applied to document recognition,. *Proceedings of the IEEE*, vol. 86, no. 11, pp. 2278-2324.

Lee, C. (13 de abril de 2023). *Kaggle*. Obtenido de https://www.kaggle.com/datasets/christilee/ddt-contamination/data

Leo Breiman, J. F. (1984). *Classification and Regression Trees*. New York: Chapman and Hall/CRC.

Lloyd, S. (1982). Least squares quantization in PCM. *EEE Transactions on Information Theory*, vol. 28, no. 2, pp. 129-137.

MacQueen, J. (1967). Some methods for classification and analysis of multivariate observations. *Proc. 5th Berkeley Symp. Math. Stat. Probab., Univ. Calif.*, 1965/66, 1, 281-297 .

Marvin Minsky, S. A. (1969). Perceptrons: An Introduction to Computational Geometry. *The MIT Press*.

Mason, R. O. (1986). Four ethical issues of the information age. *Management Information Systems Quarterly*, Vol. 10, núm. 1, págs. 5-12.

McKinsey & Company. (20 de Diciembre de 2023). *New-business Building: Six cybersecurity and digital beliefs that can create risk*. Obtenido de https://www.mckinsey.com/capabilities/risk-and-resilience/our-insights/new-business-building-six-cybersecurity-and-digital-beliefs-that-can-create-risk

Nebendahl, D. (1991). *Sistemas expertos*. Marcombo.

Pascal Vincent, H. L.-A. (2008). Extracting and composing robust features with denoising autoencoders. *Proceedings of the 25th international conference on Machine learning (ICML '08)*, 1096–1103.

Rifai, S. e. (2011). Higher Order Contractive Auto-Encoder. *Machine Learning and Knowledge Discovery in Databases. ECML PKDD 2011. Lecture Notes in Computer Science*, vol 6912, pp 645–660.

Rosenblatt, F. (1958). The perceptron: A probabilistic model for information storage and organization in the brain. *Psychological Review*, 65(6), 386–408.

Rosenblatt, F. (1962). *Principles of Neurodynamics: Perceptrons and the Theory of Brain Mechanisms*. Spartan Books.

Rumelhart, D. E. (1986). Learning representations by back-propagating errors. *Nature*, 323(6088), 533-536.

Russell, S. J., & Norvig, P. (s.f.). *Inteligencia Artificial. Un enfoque moderno*. PEARSON EDUCACIÓN, S.A.

S Domínguez-Almendros, N. B.-P.-R. (2011). Logistic regression models. *Allergologia et Immunopathologia* , 295-305.

Sepp Hochreiter, J. S. (1997). Long Short-term Memory. *Neural Computation*, 9(8):1735-80.

Simonyan, K., & Zisserman, A. (2014). Very Deep Convolutional Networks for Large-Scale Image Recognition. *CoRR*, abs/1409.1556.

Steven D. Levitt, S. J. (2007). *Freakonomics*. B de Bolsillo .

Sutton, R. S. (2018). *REINFORCEMENT LEARNING: AN INTRODUCTION* . MIT PRESS.

Thomas M. Cover, P. E. (1967). Nearest Neighbor Pattern Classification. *IEEE Transactions on Information Theory*, 21-27.

Turban, E. (1995). *Decision Support and Expert Systems (4ta edición)*. EE.UU.: Prentice-Hall.

Turing, A. (1950). Computing machinery and Intelligence. *Mind*, 433-460.

U. C. Berkeley. (s.f.). *Fair Information Practice Principles (FIPPs)*. Obtenido de https://ethics.berkeley.edu/privacy/fipp

United Nations. (s.f.). *La Declaración Universal de los Derechos Humanos | Naciones Unidas*. Obtenido de https://www.un.org/es/about-us/universal-declaration-of-human-rights

Vladimir Vapnik, A. Y. (1974). Ordered risk minimization I. *Automation and Remote Control*, 35(8):1226–123.

Vladimir Vapnik, S. E. (1996). Support vector method for function approximation, regression estimation and signal processing. *Proceedings of the 9th International Conference on Neural Information Processing Systems*, 281–287.

Warren S. McCulloch, W. P. (1943). A logical calculus of the ideas immanent in nervous activity. *Bulletin of Mathematical Biophisics*, Volumen 5.

Werbos P., J. P. (1975). Beyond regression : new tools for prediction and analysis in the behavioral sciences. *Thesis (Ph. D.)--Harvard University*.

X. Glorot, A. B. (2011). Deep Sparse Rectifier Neural Networks. *Proceedings of the Fourteenth International Conference on Artificial Intelligence and Statistics*, PMLR 15:315-323.

Yoav Freund, R. E. (1996). Experiments with a new boosting algorithm. *Proceedings of the 13th International Conference on Machine Learning*, volumen 96, 148 156.

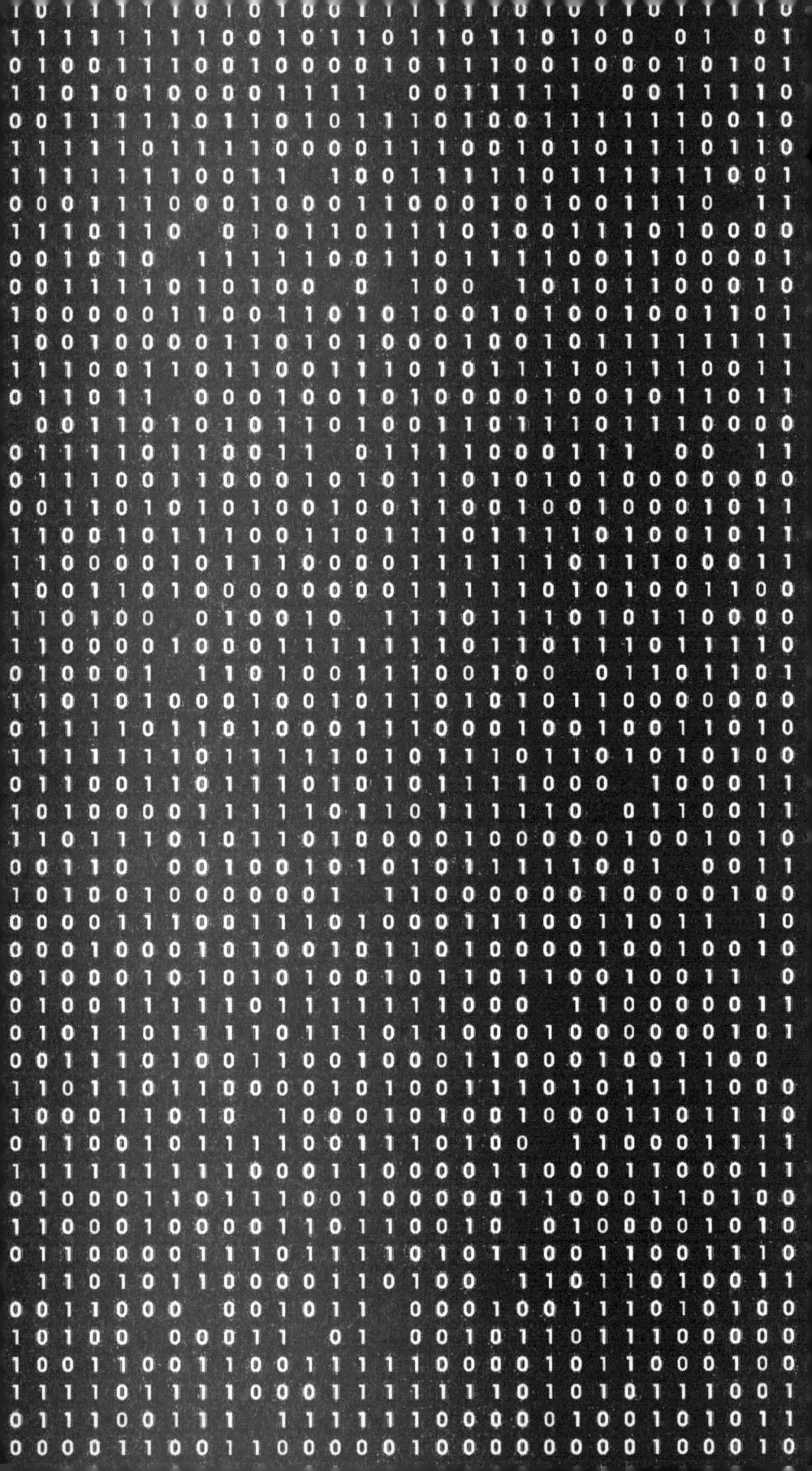